Houssaine Machhadani

Transitions intersousbandes dans les puits quantiques GaN/AlN

Houssaine Machhadani

Transitions intersousbandes dans les puits quantiques GaN/AlN

Du proche infrarouge aux fréquences Terahertz

Presses Académiques Francophones

Impressum / Mentions légales
Bibliografische Information der Deutschen Nationalbibliothek: Die Deutsche Nationalbibliothek verzeichnet diese Publikation in der Deutschen Nationalbibliografie; detaillierte bibliografische Daten sind im Internet über http://dnb.d-nb.de abrufbar.
Alle in diesem Buch genannten Marken und Produktnamen unterliegen warenzeichen-, marken- oder patentrechtlichem Schutz bzw. sind Warenzeichen oder eingetragene Warenzeichen der jeweiligen Inhaber. Die Wiedergabe von Marken, Produktnamen, Gebrauchsnamen, Handelsnamen, Warenbezeichnungen u.s.w. in diesem Werk berechtigt auch ohne besondere Kennzeichnung nicht zu der Annahme, dass solche Namen im Sinne der Warenzeichen- und Markenschutzgesetzgebung als frei zu betrachten wären und daher von jedermann benutzt werden dürften.

Information bibliographique publiée par la Deutsche Nationalbibliothek: La Deutsche Nationalbibliothek inscrit cette publication à la Deutsche Nationalbibliografie; des données bibliographiques détaillées sont disponibles sur internet à l'adresse http://dnb.d-nb.de.
Toutes marques et noms de produits mentionnés dans ce livre demeurent sous la protection des marques, des marques déposées et des brevets, et sont des marques ou des marques déposées de leurs détenteurs respectifs. L'utilisation des marques, noms de produits, noms communs, noms commerciaux, descriptions de produits, etc, même sans qu'ils soient mentionnés de façon particulière dans ce livre ne signifie en aucune façon que ces noms peuvent être utilisés sans restriction à l'égard de la législation pour la protection des marques et des marques déposées et pourraient donc être utilisés par quiconque.

Coverbild / Photo de couverture: www.ingimage.com

Verlag / Editeur:
Presses Académiques Francophones
ist ein Imprint der / est une marque déposée de
OmniScriptum GmbH & Co. KG
Heinrich-Böcking-Str. 6-8, 66121 Saarbrücken, Deutschland / Allemagne
Email: info@presses-academiques.com

Herstellung: siehe letzte Seite /
Impression: voir la dernière page
ISBN: 978-3-8416-2589-2

Copyright / Droit d'auteur © 2013 OmniScriptum GmbH & Co. KG
Alle Rechte vorbehalten. / Tous droits réservés. Saarbrücken 2013

N° D'ORDRE : 2020

THÈSE DE DOCTORAT
Spécialité : Physique
École Doctorale "Sciences et Technologies de l'Information des Télécommunications et des Systèmes"

présentée par :

Houssaine MACHHADANI

Transitions intersousbandes dans les puits quantiques GaN/AlN du proche infrarouge au THz

Soutenue le 28 Mars 2011 devant les membres du jury :

Raffaele COLOMBELLI	Examinateur
Bernard GIL	Rapporteur
François JULIEN	Directeur de thèse
Eva MONROY	Examinateur
Carlo SIRTORI	Examinateur
Jérôme TIGNON	Rapporteur

Table des matières

Remerciements   7

Introduction   9

1 Les nitrures d'éléments III   13
  1.1 Structure cristalline 14
      1.1.1 Structure wurtzite 14
      1.1.2 Structure cubique 15
      1.1.3 Polarité 15
  1.2 Elaboration des nitrures d'éléments III 16
      1.2.1 Epitaxie en phase vapeur aux organo-métalliques . . . 17
      1.2.2 Epitaxie par jets moléculaires EJM 17
      1.2.3 Substrat 18
  1.3 Propriétés des matériaux nitrures 19
      1.3.1 Structure de bande 19
      1.3.2 Bande interdite 22
      1.3.3 Variation du gap avec la température 22
      1.3.4 Potentiel de déformation 23
  1.4 Polarisation 24
  1.5 Théorie des transitions intersousbandes 29
      1.5.1 Définition 29
      1.5.2 Equation de Schrödinger 30
      1.5.3 Approximation de la fonction enveloppe 30
      1.5.4 Coefficient d'absorption intersousbande 32
  1.6 Etat de l'art 34
      1.6.1 Absorbants saturables 35
      1.6.2 Détecteurs infrarouges 36

        1.6.3   Modulateurs électro-optiques   37
        1.6.4   Emission de lumière ISB   39

2 Transitions intersousbandes des puits quantiques GaN/AlGaN polaires   **41**
  2.1 Introduction   41
  2.2 Etude théorique   42
        2.2.1   Courbure de bande   42
        2.2.2   Effet Stark quantique confiné   44
        2.2.3   Energie des transitions intersousbandes   45
        2.2.4   Réduction du champ interne dans les puits quantiques   48
  2.3 Etude expérimentale   49
        2.3.1   Description des échantillons   49
        2.3.2   Réduction des barrières   51
        2.3.3   Influence de l'épaisseur des puits   58
        2.3.4   Accordabilité des transitions intersousbandes jusqu'à la bande Reststrahlen   61
        2.3.5   Effet de la concentration de porteurs   63
  2.4 Conclusion   71

3 Transitions intersousbandes des puits quantiques GaN/AlN semipolaires   **73**
  3.1 Introduction   73
  3.2 Simulation du confinement électronique   77
  3.3 Description des échantillons   81
  3.4 Caractérisation optique   83
        3.4.1   Spectroscopie de la photoluminescence   83
        3.4.2   Spectroscopie intersousbande   85
        3.4.3   Nature de l'élargissement des spectres intersousbandes 89
  3.5 Conclusion   91

4 Transitions intersousbandes des puits quantiques GaN/AlN cubiques   **93**
  4.1 Introduction   93
  4.2 Description des échantillons   94
        4.2.1   Choix du substrat   94

TABLE DES MATIÈRES

	4.2.2 Croissance	95
	4.2.3 Propriétés structurales des puits GaN/AlN cubiques	95
4.3	Spectroscopie de photoluminescence	98
4.4	Spectroscopie infrarouge	100
4.5	Simulation du confinement électronique	102
	4.5.1 Estimation de la valeur de la masse effective	102
	4.5.2 Discontinuité de potentiel entre GaN et AlN	104
4.6	Conclusion	106

5 Absorption intersousbande dans le THz — 107

5.1	Introduction	107
5.2	Structure des puits quantiques polaires à marche	109
	5.2.1 Conception des structures	109
	5.2.2 Simulation numérique	110
	5.2.3 Caractérisations structurales	111
5.3	Spectroscopie d'absorption	112
	5.3.1 Procédure expérimentale	112
	5.3.2 Absorption intersousbande	113
	5.3.3 Estimation de la densité de porteurs	114
5.4	Puits GaN/AlGaN cubiques	116
5.5	Vers un laser à cascade quantique GaN	117
	5.5.1 Structure de bande	118
	5.5.2 Fonctionnement à plus haute température	118
5.6	Conclusion	122

Conclusions et perspectives — 125

Liste des publications — 127

    Actes de colloques avec comité de lecture ... 129

    Conférences ... 129

Remerciements

Tout d'abord, Je tiens à exprimer ma profonde gratitude et mes sincères remerciements à mon directeur de thèse François Julien pour ses conseils, sa disponibilité et son soutien durant ces trois années et demi. Merci de m'avoir laissé une large marge de liberté pour mener à bien ce travail de recherche.

Je voudrais remercier également Bernard Gil et Jérôme Tignon d'avoir accepté d'être rapporteur de cette thèse. J'aimerais aussi remercier Carlo Sirtori d'être venu assister à ma soutenance en qualité d'examinateur.

J'adresse mes remerciements à Eva Monroy d'avoir été examinateur de cette thèse et d'avoir fourni sa matière première. Merci aussi pour sa disponibilité pour discuter et répondre à mes questions.

Je remercie Raffaele Colombelli, d'avoir accepté d'être président de mon jury mais également pour les nombreuses discussions et conseils. La partie THz n'aurai pas existée sans ses compétences et son matériel.

J'adresse ma gratitude à Maria Tchernycheva, pour les nombreuses discussions théoriques (spontanées et stimulées) et pour la lecture et les corrections de ce manuscrit.

Je remercie également toutes les personnes avec qui j'ai eu la chance de collaborer : Prem Kandaswamy, Nicolas Grandjean et Laurent Vivien avec qui j'ai effectué certaines mesures expérimentales. Je remercie aussi C. Mietze et D. J. As pour les croissances effectuées à l'université de Paderborn. Un grand merci à Laurent Nevou pour m'avoir initié aux techniques de mesure.

Je tiens également à exprimer ma reconnaissance envers l'équipe Photis qui m'a supporté durant ces années en créant une excellente atmosphère de travail. Merci à tous mes amis de l'IEF, mes heures de travail au labo ont été agréablement interrompues par les nombreux cafés grâce à eux.

Merci à mes amis et à ma famille.

Je finirai, en remerciant ma femme qui a vécu cette thèse avec moi : mes joies, mes coups de gueule, mes moments de déprime ...merci pour tout et surtout pour les lectures et les corrections de ce manuscrit.

Introduction

L'étude des transitions intersousbandes dans les hétérostructures de nitrures d'éléments-III (GaN, AlN et InN et leurs alliages) est récente. Au début des années 2000, l'équipe de C. *Gmachl* à *Bell Labs* a montré que l'on pouvait accorder ces transitions dans le proche infrarouge et notamment dans la gamme spectrale $1.3 - 1.55$ μm utilisée par les systèmes de transmission de l'information par fibre optique. Cette gamme spectrale qui était inaccessible aux dispositifs ISB à base de matériaux GaAs/AlGaAs ou InGaAlAs sur InP, pouvait être couverte grâce à la discontinuité de potentiel en bande de conduction très élevée entre le GaN et l'AlN. Outre la possibilité d'accorder la longueur d'onde dans le domaine télécom, une motivation majeure pour les recherches sur les composants intersousbandes de nitrures tient à l'extrême rapidité intrinsèque qui permet d'envisager la réalisation de dispositifs intersousbandes fonctionnant au-delà du Tbit/s. En effet, le temps de retour à l'équilibre des porteurs entre sousbandes est inférieur à la picoseconde grâce à la forte interaction des électrons avec les phonons optiques longitudinaux.

Les progrès accomplis dans la croissance de matériaux nitrures en couche mince de haute qualité avec une épaisseur contrôlée à la monocouche atomique, essentiellement par épitaxie par jets moléculaires assistée par plasma d'azote, ont permis la réalisation de composants optoélectronique télécoms de plus en plus sophistiqués : commutateurs tout-optique multi-Tbit/s [Iizu 06a], détecteurs à puits ou boîtes quantiques [Hofs 06, Doye 05], modulateurs électro-optiques [Baum 06, Nevo 07a, Khei 08] et plus récemment détecteurs photo-voltaïques à cascade quantique [Vard 08a].

Les matériaux nitrures suscitent actuellement un grand intérêt à plus grande longueur d'onde infrarouge. C'est par exemple le développement de détecteurs et d'imageurs rapides à cascade quantique dans la gamme $\lambda = 2-5$ μm. C'est aussi l'extension des dispositifs intersousbandes dans le domaine de fréquences THz. En effet, l'énergie du phonon optique dans les nitrures d'éléments-III est très élevée par rapport aux arséniures ou aux phosphures, de l'ordre de 90 meV. Ceci offre la possibilité de réaliser des lasers à cascade quantique THz fonctionnant à température ambiante dans une gamme spectrale inaccessible auparavant allant jusqu'à 15 THz.

Mon travail de thèse porte sur l'étude des transitions intersousbandes dans les puits quantiques GaN/AlGaN. Le but est d'accorder ces transitions dans une gamme spectrale très large allant du proche au lointain infrarouge. Dans, les puits quantiques GaN/AlGaN en phase hexagonale synthétisés selon l'axe polaire c [0001], ceci impose l'ingénierie du champ électrique interne, dont la valeur peut atteindre dans le GaN 10 MV/cm. En effet, le champ interne confine les niveaux d'énergies dans les puits quantiques larges et limite la longueur d'onde des transitions intersousbandes (≤ 3 μm pour le système GaN/AlN).

Une solution alternative avec les nitrures en phase hexagonale consiste à utiliser une orientation particulière, dite semipolaire, qui conduit à une réduction du champ électrique interne le long de l'axe de croissance. Une autre piste de recherche consiste à utiliser des nitrures de structure cubique, qui par raison de symétrie, ne présentent pas de champ électrique interne. Cependant la métastabilité de cette phase rend la croissance plus compliquée.

Ce manuscrit de thèse se divise en cinq chapitres. Le chapitre 1 décrit les propriétés structurales et optiques des nitrures en phase hexagonale et cubique. La deuxième partie de ce chapitre porte sur les propriétés des transitions optiques intersousbandes dans les hétérostructures de semi-conducteurs. Une revue de l'état de l'art des dispositifs nitrures intersousbandes est enfin exposée.

Dans le chapitre 2 je montrerai comment il est possible d'accorder les transitions intersousbandes dans les puits quantiques polaires de 1 à 12 μm, c-à-d jusqu'à la bande *Reststrahlen* du GaN. Les chapitres 3 et 4 concernent l'étude des transitions interbandes et intersousbandes dans les systèmes GaN/AlN semipolaires et cubiques respectivement.

Le chapitre 5 est dédié à la spectroscopie des transitions intersousbandes dans les puits GaN/AlGaN dans la gamme de fréquences THz. Ces mesures ouvrent des perspectives intéressantes pour la réalisation d'un laser à cascade quantique THz fonctionnant à température ambiante. Dans la dernière

Introduction

section de ce chapitre je propose une structure active pour un laser à cascade quantique en GaN/AlGaN émettant à 3.3 THz.

Une bonne part des travaux décrite dans ce manuscrit rentre dans le cadre du projet *EC FET-OPEN Unitride* en coordination au laboratoire.

Chapitre 1

Les nitrures d'éléments III

Les nitrures d'éléments III sont des semiconducteurs III-V à gap direct, formés d'atomes d'azote et d'éléments de la colonne III de la classification périodique de Mendeleïev : il s'agit des composés GaN, AlN et InN ainsi que leurs alliages.

Cette famille de semiconducteurs présentent un grand intérêt en optoélectronique puisqu'elle permet de couvrir une gamme spectrale étendue, allant de l'infrarouge à l'ultraviolet. Contrairement au silicium et aux composés arséniures, GaN et AlN sont particulièrement stables thermiquement et chimiquement, ce qui en fait d'excellents candidats pour l'utilisation dans des conditions adverses, par exemple en électronique de puissance.

Dans ce chapitre, je présente les généralités concernant les nitrures d'éléments III, qui seront nécessaires dans la suite pour les simulations et pour décrypter les résultats expérimentaux. Ensuite je décrirai les théories et les modèles nécessaires pour la compréhension de la structure électronique d'un système à base de puits quantiques en mettant l'accent sur les transitions intersousbandes. Le but est d'apporter les outils nécessaires à la compréhension des chapitres suivants qui constituent le cœur de ma thèse. Enfin je présenterai un état de l'art des recherches sur les dispositifs intersousbandes nitrures.

1.1 Structure cristalline

Les nitrures d'éléments III cristallisent naturellement dans la structure wurtzite. Lorsque la croissance est réalisée sur un substrat de symétrie cubique, on peut également obtenir la phase métastable blende de zinc. Les propriétés de ces deux structures sont décrites ci-dessous :

1.1.1 Structure wurtzite

Les cristaux qui ont la structure wurtzite appartiennent au groupe d'espace C_{6v}^4 dans la notation *Schoenflies* (ou $P6_3mc$ dans la notation de *Hermann Mauguin*). La cellule élémentaire contient deux ions de X à (0 0 0) et (1/3 2/3 1/2) (où X= Al, Ga, In) et deux ions d'azote à (0 0 u) et (1/3 2/3 1/(2 + u)) (voir figure 1.1 (a)). On obtient deux sous réseaux hexagonaux compacts, l'un pour les atomes de métal, et l'autre pour les atomes d'azote, décalés selon l'axe c qui est en général, la direction de croissance. Le paramètre du réseau dans le plan (0001) est le côté a_0, et le paramètre c_0 correspond à la hauteur de la maille selon l'axe [0001]. Le paramètre u_0 est défini comme la longueur de la liaison anion-cation selon l'axe c_0. Sa valeur idéale pour la structure wurtzite est $(3/8) \times c_0$. Dans les structures réelles, sa valeur donne une indication de l'écart par rapport à la structure wurtzite idéale. Ces valeurs sont résumées dans le tableau 1.1. Les plans hexagonaux de gallium (ou d'azote) s'empilent suivant la séquence ABAB selon [0001].

	AlN	GaN	Réf.
a_0[Å]	3.112	3.189	[Amba 98]
c_0[Å]	4.982	5.186	[Amba 98]
c_0/a_0	1.601	1.624	[Levi 01]
u_0[Å]	1.892	1.949	[Matt 99]
u_0/c_0	0.798	0.376	[Levi 01]

TABLE 1.1 – **Paramètre de maille d'AlN et GaN en phase hexagonale.**

1.1 Structure cristalline

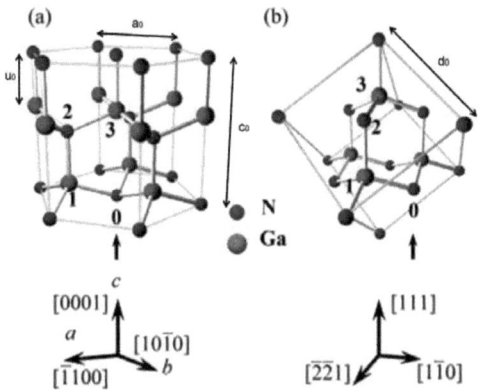

FIGURE 1.1 – (a) : la structure du GaN wurtzite. En rouge les atomes de gallium Ga, et en bleu les atomes d'azote N. c_0 et a_0 sont les paramètres de maille, u_0 la distance anion-cation. Dans la structure wurtzite idéale, les ions occupent les sites tétraédriques satisfaisant $c_0/a_0 = \sqrt{8/3} = 1.633$ et $u_0 = 0.375$. (b) : Structures blende de zinc de côté d_0.

1.1.2 Structure cubique

La structure blende de zinc appartient au groupe d'espace T_d^2 (ou $F\bar{4}3m$) correspondant à deux réseaux cubiques face centrée formés respectivement d'atomes d'élément III et d'azote décalés l'un de l'autre du quart d'une diagonale du cube (voir figure 1.1 (b)). Le paramètre de maille correspond à la longueur d'une arête du cube est noté d_0. Les plans hexagonaux de gallium (ou d'azote) s'empilent suivant la séquence ABCABC selon [111].

	AlN	GaN	Réf.
d_0 (Å)	4.38	4.50	[Vurg 03]

TABLE 1.2 – **Paramètre de maille d'AlN et GaN cubique.**

1.1.3 Polarité

Comme la structure wurtzite ne possède pas de centre d'inversion, en conséquence les directions [0001] et [000$\bar{1}$] ne sont pas équivalentes. Par convention l'axe [0001] est orienté du métal vers l'azote et l'axe [000$\bar{1}$] est orienté de l'azote vers le métal. Les structures élaborées selon l'orientation [0001] sont dites à polarité métal (Ga, Al, In) et celles selon [000$\bar{1}$] à polarité azote, la figure 1.2 montre ces deux cas. Il faut toutefois noter que, la polarité d'une couche ne nous renseigne pas sur la nature des atomes en surface, c'est la minimisation de l'énergie de surface qui contrôle ce paramètre. Dans ce travail tous les échantillons étudiés sont de polarité métal.

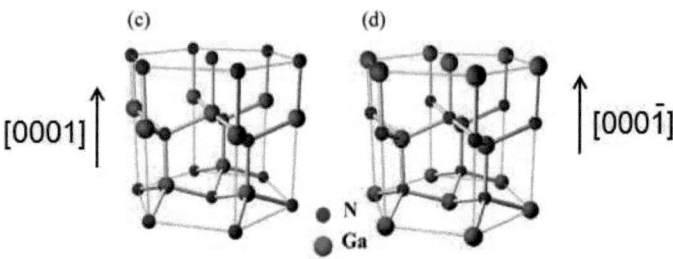

FIGURE 1.2 – **Schéma des orientations cristallographiques [0001] et [000$\bar{1}$] en fonction des polarités gallium et azote du GaN wurtzite.**

1.2 Elaboration des nitrures d'éléments III

La croissance des nitrures d'éléments III se fait essentiellement par hétéro-épitaxie. En effet, en raison du point de fusion élevé de GaN et de la haute pression d'équilibre de l'azote, la croissance de monocristaux n'est pas facile. Plusieurs substrats comme par exemple SiC, Al_2O_3 ou silicium sont employés tant pour la croissance du GaN de symétrie hexagonale que pour celle du GaN de symétrie cubique. Néanmoins, aucun de ces substrats n'est accordé en maille avec le GaN, ce qui va engendrer des contraintes et donc des défauts dans le matériau.

Dans cette partie nous allons évoquer les principales singularités des techniques de croissance des nitrures et présenter les substrats utilisés pour la croissance des deux phases cristallines du GaN.

1.2 Elaboration des nitrures d'éléments III

1.2.1 Epitaxie en phase vapeur aux organo-métalliques

L'épitaxie en phase vapeur aux organo-métalliques (EPVOM) est la principale technique de croissance des nitrures III. Sa mise en œuvre souple, la possibilité d'épitaxie sur des grandes surfaces et son faible coût par rapport à l'EJM font qu'elle est énormément utilisée pour la fabrication de composants dans l'industrie des semiconducteurs.

L'EPVOM repose sur une propriété des composés organo-métalliques qui est la forte dépendance en température de leur tension de vapeur. Cette méthode consiste en une pyrolyse[1] de composés organo-métalliques et d'hydrures (NH_3, SiH_4) transportés par un gaz (azote ou hydrogène) au voisinage du substrat porté à haute température. Les flux des sources utilisées sont stabilisés, puis mélangés juste avant leur introduction dans le réacteur. Pour le gallium, le triéthylgallium ou le triméthylgallium sont les principaux composés utilisés. La croissance de GaN se fait à une température comprise entre 1000^oC et 1150^oC. Les vitesses de croissance dépendent des conditions de dépôt mais restent sensiblement voisines de quelques microns par heure. Les structures désirées étant toujours d'épaisseur inférieure à une dizaine de microns, quelques heures suffisent pour les réaliser.

1.2.2 Epitaxie par jets moléculaires EJM

La plupart des échantillons étudiés dans cette thèse ont été synthétisés par épitaxie par jets moléculaires assistée par plasma d'azote (ou PAMBE pour *Plasma-Assisted Molecular Beam Epitaxy*). La technique consiste à envoyer un ou plusieurs jets atomiques ou moléculaires vers un substrat monocristallin. La croissance de GaN se fait généralement à une température comprise entre 700^oC et 740^oC. Cette technique sous ultra-vide repose sur l'évaporation séquentielle des constituants élémentaires placés dans des cellules à effusion de Knudsen. Contrairement à l'EPVOM, aucun gaz de transport des espèces réactives n'intervient. Un des avantages de cette méthode repose sur la possibilité de contrôle et de caractérisation de la croissance en temps réel grâce à l'utilisation *in situ* de la diffraction d'électrons de haute énergie en incidence rasante (RHEED).

---

1. La pyrolyse est la décomposition thermique de matières organiques en l'absence d'oxygène ou en atmosphère pauvre en oxygène.

L'EJM offre la possibilité de couper le flux atomique de façon quasi-instantanée. C'est la technique de choix pour obtenir des interfaces abruptes et pour contrôler les épaisseurs à l'échelle de la monocouche atomique. En revanche, en raison de la faible vitesse de croissance, typiquement inférieure à 0.5 $\mu m/h$, l'EJM ne permet pas une croissance aisée de couches épitaxiales d'épaisseur supérieure à quelques microns.

1.2.3 Substrat

Une des principales difficultés dans la croissance de GaN est le manque de substrats ayant un paramètre de maille adapté. Les paramètres de maille et les coefficients d'expansion thermique des nitrures sont en fort désaccord avec les caractéristiques des substrats commerciaux. Des monocristaux de GaN massifs peuvent être employés mais ils ne sont disponibles qu'en très faible quantité à cause des difficultés liées à leur élaboration (haute température de 1800 K et haute pression de 1,5 GPa [Karp 82]) et très petite taille. Une solution alternative est l'utilisation de substrats autosupportés de GaN à faible taux de dislocations ($\leq 10^6$ cm^{-2}) dont la qualité a fait d'énormes progrès au cours des derniers années même si le coût reste élevé.

Plusieurs substrats sont utilisés pour l'hétéroépitaxie du GaN. Néanmoins le fort désaccord de maille et la différence de coefficient thermique entre GaN et le substrat conduisent à la formation de couches de GaN avec une haute densité de dislocations ce qui peut conduire à la détérioration des propriétés optiques du matériau. Dans le tableau 1.3 sont reportés les paramètres de maille et les coefficients d'expansion thermique des nitrures d'éléments III et de divers substrats.

Le saphir est le plus fréquemment utilisé en raison de son faible coût, malgré son fort désaccord de maille et sa différence de coefficient de dilatation thermique avec le GaN. Le carbure de silicium a l'avantage d'avoir un désaccord de maille faible avec le GaN mais il est plus cher. Le Si (111) est une alternative intéressante en termes de coût et de grande dimension, mais il conduit à des densités de dislocations élevées.

Substrat	Symétrie	a (Å)	$\Delta a/a$ $(\times 10^{-6} K^{-1})$	Désaccord de maille avec le GaN
AlN	Hexagonal	3.104	4.2	-2.7%
GaN	Hexagonal	3.189	5.59	0%
saphir	Hexagonal	4.758	7.5	13%
4H-SiC	Hexagonal	3.073		-3.63%
6H-SiC	Hexagonal	3.081	4.2	-3.36%
ZnO	Hexagonal	3.249	4.75	+1.9%
$ScAlMgO_4$	Hexagonal	3.246	6.2	+1.8%
$\gamma - LiAlO_2$	Tetragonal	7.1	6.267	-1.7%
$LiGaO_2$	Orthorhombique	5.402	6	0.18%
Si	Cubique	5.4301	3.59	-17%
GaAs	Cubique	5.653	6	
β-SiC	Cubique	4.36		3.4%
MgO	Cubique	4.216	10.5	

TABLE 1.3 – **Paramètre de maille a et coefficient de dilatation thermique des différentes substrats utilisés pour la croissance épitaxiale des nitrures [Mork 08].**

1.3 Propriétés des matériaux nitrures

1.3.1 Structure de bande

Le GaN en phase hexagonale ou cubique possède un gap direct. La structure de bande dépend de la symétrie du réseau. La figure 1.3 présente la structure de bande de GaN dans les deux symétries, en insistant particulièrement sur les causes de la levée de dégénérescence de la bande de valence.

En phase blende de zinc la bande de conduction (CB) en centre de zone est dégénérée deux fois par le nombre quantique de spin et possède la symétrie Γ_6. Comme elle est construite sur des orbitales atomiques s son moment cinétique orbital $L = 0$, et le moment cinétique total de chaque bande est égal au moment cinétique de spin, soit $J = 1/2$. Si on néglige le couplage spin-orbite, la bande de valence est dégénérée six fois car elle est construite sur trois orbitales p équivalentes (p_x, p_y, p_z) présentant deux nombre quantique de spin chacune. En prenant en compte l'interaction spin-orbite (moment

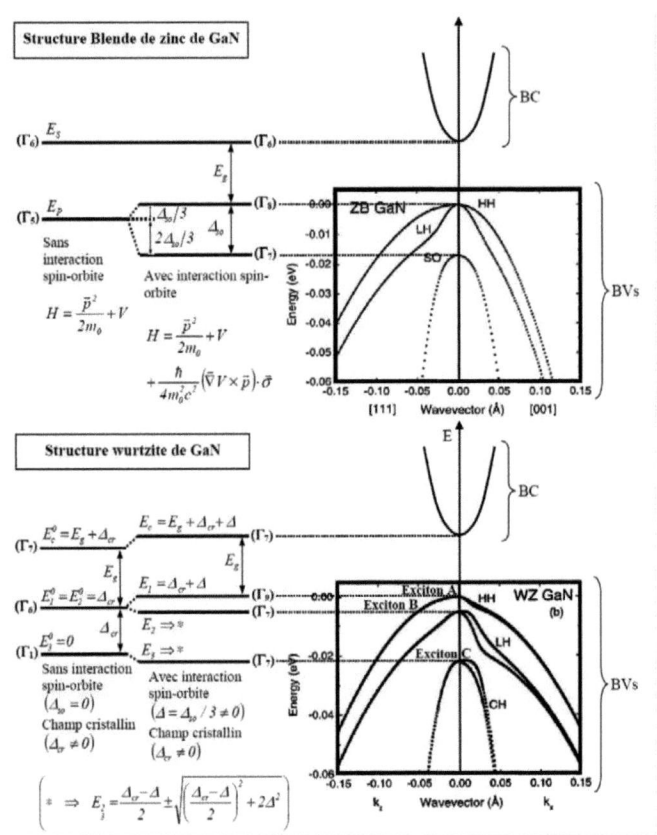

FIGURE 1.3 – Structure de bande du GaN massif Bz et Wz. La partie gauche des figures schématise la levée de dégénérescence des niveaux de bande valence par le couplage spin-orbite et le champ cristallin [Fish 88, Chua 96]. La partie droite représente les courbes de dispersion calculées pour des structures Bz et Wz du GaN [Vurg 03]. Figure tirée de [Rol 07].

cinétique orbital $L = 1$ et de spin $S = 1/2$) la dégénérescence est levée entre les états de moment cinétique total $J = 1/2$ et $J = 3/2$.

En $\mathbf{k} = \mathbf{0}$, les bandes de valence correspondant à $J = 3/2$ et $J = 1/2$ présentent respectivement les symétries Γ_8 et Γ_7 et des degrés de dégénér-

1.3 Propriétés des matériaux nitrures

escence de 4 et 2. L'écart énergétique entre les deux bandes est donné par l'énergie de couplage spin-orbite Δ_{so}. La figure 1.3 présente les courbes de dispersion des bandes de valence tirées de la référence [Vurg 03]. Lorsque l'on s'éloigne du centre de zone, les deux bandes Γ_8 se différencient. Celle qui présente le rayon de courbure le plus faible est appelée bande de trous lourds (HH) et l'autre bande de trous légers (LH). La bande de valence Γ_7 est notée SO car elle est découplée par l'interaction spin-orbite. Dans le cas où le semi-conducteur est contraint, comme c'est généralement le cas dans les hétérostructures de nitrures, la dégénérescence entre les bandes LH et HH en centre de zone est levée.

Dans le cas de la structure wurtzite du GaN (groupe ponctuel C_{6v}), même avant de prendre en compte le couplage spin-orbite, l'abaissement de la symétrie entraîne une levée de dégénérescence partielle de la bande de valence par l'interaction avec le champ cristallin. L'écart énergétique entre les bandes de valence Γ_6 (dégénérescence 4) et Γ_1 (dégénérescence 2) est donné par l'énergie Δ_{cr}. L'interaction spin-orbite lève la dégénérescence de la bande Γ_6 en une bande de trous lourds (HH) Γ_8 et de trous légers (LH) Γ_7. La bande de valence découplée par le champ cristallin (CH) devient de symétrie Γ_7. Les énergies de toutes les bandes en centre de zone après les interactions avec le champ cristallin et le couplage spin-orbite sont données sur la figure 1.3 en fonction de Δ_{cr} et de l'énergie de couplage spin-orbite Δ_{so}. Les courbes de dispersion des bandes HH, LH et CH sont également représentées. Les excitons formés à partir de ces bandes de valence sont appelés excitons A, B, C. Ils sont visibles en absorption dans du GaN massif (en émission seuls A et B sont visibles). Les écarts énergétiques entre les bords de bande HH et LH d'une part et LH et CH d'autre part sont donnés respectivement par $E_{AB} = 6meV$ et $E_{BC} = 37meV$ [Jain 00]. Dans AlN, $\Delta_{cr} < 0$, donc CH est la bande de valence la plus haute en énergie. L'ordre des bandes de valence de la plus énergétique à la moins énergétique est CH, LH, HH [Chua 96], ce qui est totalement inversé par rapport au GaN. Les valeurs de Δ_{so} et Δ_{cr} pour les différents nitrures d'élément III étant assez dispersées, le tableau 1.4 résume celles que conseille Vurgaftman dans la référence [Vurg 03].

	Wurtzite		Blende de zinc	
	AlN	GaN	AlN	GaN
Δ_{so} (en meV)	19	17	19	17
Δ_{cr} (en meV)	-169	10		

TABLE 1.4 – **Energies de couplage spin-orbite Δ_{so} et champ cristallin Δ_{cr} [Vurg 03]**.

1.3.2 Bande interdite

L'AlN et le GaN sont des matériaux à large bande interdite dont le gap correspond aux longueurs d'onde dans l'ultraviolet profond (200 nm) et ultraviolet proche (360 nm), respectivement.

Les paramètres de la bande d'énergie interdite de la phase hexagonale et cubique du GaN et AlN sont résumés dans le tableau 1.5. Il faut noter que l'AlN cubique est un semiconducteur à bande interdite indirecte [Vurg 03].

	(Wz)		Réf.		(Bz)		Réf.
GaN E_{g,Γ_1}	(eV)	3.43	[Fout 99]	$E_{g,\Gamma}$	(eV)	3.38, 3.1, 3.2	[Fan 96]
AlN E_{g,Γ_1}	(eV)	6.2	[Fout 99]	$E_{g,\Gamma}$	(eV)	5.94, 6	[Fan 96]

TABLE 1.5 – **Comparaison des énergies du gap du GaN et AlN en phase hexagonale et cubique à 300 K.**

1.3.3 Variation du gap avec la température

La dépendance en température de la bande interdite peut être calculée par la formule de Varshni et les coefficients de Varshni α et β · [Vurg 03]

$$E_g(T) = E_g(0) - \frac{\alpha T^2}{(\beta + T)} \quad (1.1)$$

$E_g(0)$ est l'énergie du gap à 0K et α et β sont des constantes déterminées à partir de mesure de photoluminescence, d'absorption ou d'ellipsométrie. Le tableau 1.6 présente les paramètres de Varshni pour l'AlN et le GaN.

Pour un alliage ternaire $Al_{1-x}Ga_xN$, le gap varie avec la composition x selon la loi quadratique [Vurg 03] :

$$E_g(x) = (1-x)E_g(GaN) + xE_g(AlN) - x(1-x)b \quad (1.2)$$

1.3 Propriétés des matériaux nitrures

	Wurtzite		Blende de zinc	
	GaN	AlN	GaN	AlN
α[meV/K]	0.909	1.799	0.593	0.593
β[K]	830	1462	600	600

TABLE 1.6 – **Paramètres de la bande interdite du GaN et AlN.**

où le paramètre b, connu comme *bowing parameter*, représente la non-linéarité du gap en fonction de la composition. Cette valeur varie d'une publication à l'autre de 0.53 eV à 1.5 eV [Vurg 03]. Buchheim a rapporté une valeur de 0.9 eV que j'utilise dans cette thèse [Buch 05].

1.3.4 Potentiel de déformation

Pour qu'une hétérostructure présente de bonnes qualités optiques, nous verrons qu'il faut limiter au maximum la formation de dislocations. Il est donc préférable que la croissance d'un puits quantique de GaN/AlN, par exemple, se fasse avec continuité du paramètre de maille (on dit que la structure est pseudomorphe). En conséquence le GaN qui possède un paramètre de maille supérieur à celui de l'AlN est en compression et l'AlN proche du GaN probablement en tension. Cette déformation physique des semiconducteurs change la position des atomes, ce qui modifie les niveaux d'énergie des bandes d'électron et de trous. Les coefficients qui relient la variation d'énergie d'une bande à une déformation sont appelés les potentiels de déformation. Ils permettent notamment de calculer l'évolution du gap avec la contrainte ou encore la discontinuité des bandes de valence et de conduction aux interfaces d'une hétérostructure pseudomorphe.

En symétrie cubique, on relie le décalage en énergie de la bande de conduction ΔE_c et le décalage moyen de la bande de valence ΔE_v dû au changement relatif de volume $\Delta V/V$ par la relation :

$$a_{c,v} = \frac{\Delta E_{c,v}}{\Delta V/V} = \frac{\Delta E_{c,v}}{\epsilon_{xx} + \epsilon_{yy} + \epsilon_{zz}} \quad (1.3)$$

ϵ_{xx}, ϵ_{yy} et ϵ_{zz} sont les éléments diagonaux du tenseur de déformation de la forme $\epsilon_{xx} = (d - d_0)/d_0$ où d_0 est le paramètre de maille non contraint. $a_{c,v}$ sont les potentiels de déformation hydrostatique de la bande de conduction et de la bande de valence. Ce sont des paramètres difficiles à obtenir expérimentalement car c'est généralement le potentiel de déformation associé au changement de gap qui est mesuré. Sa définition est donnée par la relation :

$$a = a_c - a_v \qquad (1.4)$$

En structure wurtzite, à cause de l'anisotropie du cristal il faut définir deux potentiels de déformations a_{cz} et a_{ct} pour la bande de conduction et six pour la bande de valence : D_1, D_2, ...D_6. L'expression de l'énergie des trois bandes de valence en fonction des déformations du cristal sont données dans les références [Chua 96, Peng 05, Wall 89]. Comme les structures Wz et Bz sont identiques jusqu'aux deuxièmes voisins on a souvent recours à l'approximation cubique qui revient à décrire la structure hexagonale comme la structure cubique la plus proche. Dans ce cas, l'évolution des bandes est bien décrite par les coefficients habituels a_v, a_c. Les valeurs des potentiels de déformation trouvées dans la littérature sont très dispersées. On donne au tableau 1.7 les valeurs typiques des paramètres a_v, a_c ou a pour la structure Wz ainsi que tous les potentiels de déformation des nitrures cubiques.

	a_c(eV)	a_v(eV)	a	Réf.
GaN (Wz)	-6		-6.9	[Kim 96]
			$a_{cz} = -4.9, a_{ct} = -11.3$	[Vurg 03]
AlN (Wz)	-9		-9	[Kim 96]
			$a_{cz} = -3.4, a_{ct} = -11.8$	[Vurg 03]
GaN(Bz)	-6.71	0.69	-7.4	[Vurg 03]
AlN(Bz)	-4.5	4.9	-9.4	[Vurg 03]

TABLE 1.7 – **Potentiels de déformation de GaN et AlN en phase hexagonale et cubique.**

Le tableau 1.8 contient d'autre paramètres liés aux propriétés optiques et électriques du GaN wurtzite et cubique, qui nous serviront pour les simulations aux prochains chapitres.

1.4 Polarisation

Dans un cristal contenant deux atomes de nature différente comme Ga et N, la répartition du nuage électronique le long d'une liaison Ga-N est déformée vers l'atome d'azote qui est le plus électronégatif. On peut considérer

1.4 Polarisation

Paramètre	GaN (Wz)	GaN (Bz)	Réf.
indice de réfraction	n(1.55 μm)=2.3	2.3	[Frit 03]
	n(100 μm)=3	3	
constante diélectrique	10.4($E \parallel c$)	9.7	[Bark 73, Levi 01, Frit 03]
(statique)	10.4($E \perp c$)		
constante diélectrique	5.8($E \parallel c$)	5.3	
(haute fréquence)	5.35($E \perp c$)		
phonon-LO	91.2 meV	87.3 meV	[Levi 01]
m_e	0.2m_0	0.13m_0	[Levi 01]
m_{hh}	0.8m_0	0.8m_0	[Pank 75]
m_{lh}	0.3m_0	0.22m_0	[Frit 03]
mobilité électronique (300K) ($cm^2 V^{-1} s^{-1}$)	$\approx$ 1400	$\leq$ 10000	[Levi 01]

TABLE 1.8 – **Quelques paramètres optiques et électriques du GaN.**

que l'azote porte alors une charge $-\delta$ et le gallium une charge $+\delta$. Lorsque le barycentre des charges négatives et positives n'est pas confondu, il y a apparition de dipôles électriques microscopiques, dont la somme par unité de volume définit la polarisation **P**. Si la polarisation existe indépendamment de toute contrainte, on parle de **polarisation spontanée** $\mathbf{P}_{sp}$. Si par contre elle est induite par une déformation du cristal, il s'agit d'une **polarisation piézoélectrique** P_{pe}.

Comme le cristal est neutre, les charges positives et négatives des dipôles microscopiques se compensent en volume. A la surface, par contre, la séparation des charges du dernier plan de dipôle n'est plus compensée, ce qui va faire apparaître des plans de charges de signes opposés d'un côté et de l'autre du cristal (voir figure 1.4).

Une polarisation **P**, quelle que soit son origine, induit à la surface du cristal une densité surfacique de charge σ donnée par :

$$\sigma = \mathbf{P}.\mathbf{n} \qquad (1.5)$$

où **n** est le vecteur unitaire normal à la surface.

Dans la phase blende de zinc de GaN, représentée à la figure 1.1(b), le cristal non contraint ne présente pas de polarisation.

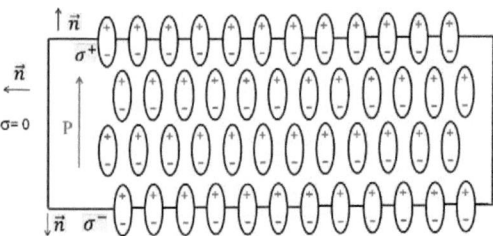

FIGURE 1.4 – Schéma d'un cristal présentant une polarisation macroscopique qui induit en surface l'apparition de plans de charges.

La structure hexagonale de GaN, ne possède pas de centre d'inversion, c'est à dire les barycentres des charges positives (les atomes de Ga et Al) et des charges négatives (les atomes d'azote) ne coïncident pas dans la cellule élémentaire. Ainsi, il y a création d'un dipôle dans chaque maille. Ces dipôles s'ajoutent alors à travers la structure pour donner lieu à une polarisation macroscopique (spontanée) orientée suivant la direction c [0001]. Le tableau 1.9 présente la valeur de $\mathbf{P}_{sp}$ du GaN et AlN en phase hexagonale d'après [Vurg 03].

La valeur de la polarisation spontanée dans les alliages ternaires AlGaN peut être exprimées au deuxième ordre en fonction du paramètre de composition x [Bern 01, Fior 02] :

$$P_{sp}^{Al_xGa_{1-x}N}(x) = -0.090x - 0.034(1-x) + 0.019x(1-x) \quad (1.6)$$

Les deux premiers termes dans ces équations correspondent à l'interpolation linéaire entre les composés binaires, *i.e.* loi de Vegard, tandis que le dernier terme est le *bowing parameter* décrivant la non-linéarité.

Dans la phase hexagonale des nitrures la polarisation piézoélectrique apparaît lors de l'application d'une contrainte qui fait varier la distance entre les barycentres de charge positive et négative dans la maille élémentaire. La polarisation macroscopique obtenue est proportionnelle à la déformation :

$$P_{pe}^i = \sum_j e_{ij}\epsilon_{ij} \quad (1.7)$$

où e_{ij} est le tenseur piézoélectrique. Pour un matériau soumis à une contrainte biaxiale dans le plan (x,y), seule la composante P_{pe}^z selon l'axe c est non nulle, elle est donnée par :

1.4 Polarisation

$$P_{pe}^z = e_{33}\epsilon_{zz} + e_{31}(\epsilon_{xx} + \epsilon_{yy}) \quad (1.8)$$

avec

$$\epsilon_{xx} = \epsilon_{yy} = \frac{a_s - a}{a_s}$$
$$\epsilon_{zz} = -\frac{2C_{13}}{c_{33}} \times \epsilon_{xx} \quad (1.9)$$

où a_s est le paramètre de maille dans le plan du substrat, a celui du matériau épitaxié à l'équilibre et C_{13}, C_{33} les coefficients élastiques exprimés en GPa. L'expression de la polarisation piézoélectrique devient :

$$P_{pe}^z = (e_{31} - \frac{C_{13}}{c_{33}}e_{33})2\epsilon_{xx} \quad (1.10)$$

Le tableau 1.9 donne la valeur des coefficients d'élasticité et des coefficients piézoélectriques pour GaN et AlN wurtzite.

	GaN	AlN
$P_{sp}(C/m^2)$	−0.029	−0.081
C_{13} (GPa)	106	108
C_{33} (GPa)	389	373
$e_{31}(C/m^2)$	−0.35	−0.5
$e_{33}(C/m^2)$	1.27	1.79

TABLE 1.9 – **Polarisation spontanée et coefficient d'élasticité et de piézoélectricité d'après [Vurg 03].**

Une description plus détaillée de la polarisation piézoélectrique pour les systèmes ternaires des nitrures d'éléments III $A_xB_{1-x}N$ (A,B=Al, Ga, In) est donnée dans les références [Bern 01, Fior 02]. Il a été démontré que, contrairement au cas de la polarisation spontanée, la loi de Vegard reste valable. Elle s'exprime comme suit :

$$P_{pe}^{A_xB_{1-x}N}(x) = xP_{pe}^{AN}[\epsilon(x)] + (1-x)P_{pe}^{BN}[\epsilon(x)] \quad (1.11)$$

où x est la composition de l'élément A.

Hétérostructures de nitrures

La polarisation totale dans une hétérostructure de nitrure en phase hexagonale s'écrit :

$$\vec{P} = \vec{P}^{sp} + \vec{P}^{pe} \qquad (1.12)$$

Dans une hétérostructure, les polarisations spontanée et piézoélectrique s'ajoutent si le matériau contraint est en tension, mais elles se soustraient si le matériau est en compression comme illustré sur la figure 1.5.

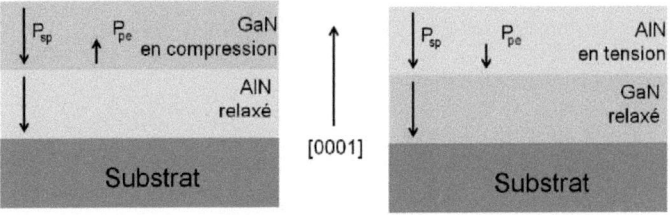

FIGURE 1.5 – Etat de la polarisation totale pour AlN/GaN pour deux états de contraintes différents.

Dans un puits quantique de GaN/AlN wurtzite, la différence de polarisation entre les deux matériaux nitrures va induire un plan de charge à chaque interface de densité surfacique $\sigma = \Delta \vec{P}.\vec{n}$.

1.5 Théorie des transitions intersousbandes

1.5.1 Définition

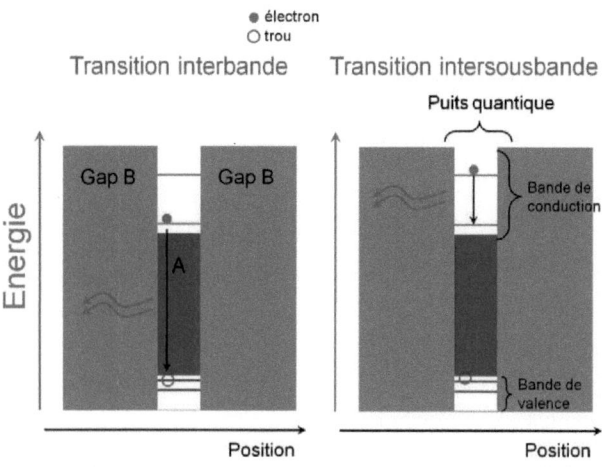

FIGURE 1.6 – **Profil d'un puits quantique formé de deux matériaux de gap A et B. A gauche : transition interbande. A droite : transition intersousbande.**

Lorsqu'on fait croître une couche nanométrique d'un semiconducteur de gap A prise en sandwich entre deux couches d'un autre semiconducteur de gap B plus grand, on obtient un puits quantique. La différence d'énergie de bande interdite des deux matériaux se répartit entre la bande de valence et la bande de conduction formant ainsi un puits de potentiel pour les électrons ou les trous (voir figure 1.6). Lorsque l'épaisseur du matériau constituant le puits est suffisamment faible pour que l'effet de taille quantique se manifeste, le mouvement des électrons (ou des trous) dans le puits est quantifié dans la direction perpendiculaire au plan des couches tout en restant libre dans le plan des couches. On parle de gaz d'électrons (ou de trous) bidimensionnel. Cette quantification unidimensionnelle de l'énergie des porteurs donne lieu à la formation de sousbandes dans la bande de conduction ou de valence. L'intérêt majeur pour le physicien est que l'on dispose, avec les puits quantiques, d'une structure artificielle où les effets quantiques peuvent être facilement modulés en jouant sur les paramètres de croissance.

1.5.2 Equation de Schrödinger

Pour un électron dans le cristal l'équation de Schrödinger s'écrit :

$$H \left|\psi\right\rangle = E \left|\psi\right\rangle \qquad (1.13)$$

où l'Hamiltonien H s'écrit :

$$H = \frac{p^2}{2m_{e^-}} + V \qquad (1.14)$$

m_{e^-} dénote la masse de l'électron et V le potentiel périodique associé au cristal où $V(r + \mathbf{R}) = V(r)$ pour tout $\mathbf{R}$ appartenant au réseau de Bravais. D'après le théorème de Bloch, les états propres ψ de l'Hamiltonien à un électron, peuvent être choisis sous forme d'ondes planes que multiplie une fonction ayant la périodicité du réseau de Bravais :

$$\psi_{n,\mathbf{k}}(\mathbf{r}) = u_{n,\mathbf{k}}(\mathbf{r}) exp(i\mathbf{k}.\mathbf{r}) \qquad (1.15)$$

où $u_{n,\mathbf{k}}(\mathbf{r})$ est une fonction avec la même périodicité que le réseau de Bravais. n correspond au numéro de la bande, et $\mathbf{k}$ au vecteur d'onde d'un électron dans la première zone de Brillouin.

1.5.3 Approximation de la fonction enveloppe

Pour une hétérostructure constituée de deux matériaux A et B, l'approximation de la fonction enveloppe consiste à écrire la fonction d'onde électronique $\psi(\mathbf{r})$ au point Γ comme le produit de la fonction de Bloch $u_\nu(\mathbf{r})$ rapidement variable à l'échelle de la maille élémentaire, par une fonction enveloppe $f_n(\mathbf{r})$ lentement variable :

$$\psi_n(\mathbf{r}) = f_n(\mathbf{r}) u_\nu(\mathbf{r}) \qquad (1.16)$$

Cette fonction enveloppe est fonction propre du Hamiltonien effectif :

$$H(\mathbf{r}) = -\frac{\hbar^2}{2m_{eff}(z)} \nabla^2 + V_{eff}(z) \qquad (1.17)$$

1.5 Théorie des transitions intersousbandes

Avec une énergie potentielle et une masse effective dépendant de z, la direction de croissance. Ceci repose sur l'hypothèse que les fonctions rapidement variables $u_\nu(\mathbf{r})$ sont non seulement indépendantes de k, mais aussi les même dans les deux matériaux A et B,

$$u_\nu^A(\mathbf{r}) \approx u_\nu^B(\mathbf{r}) \tag{1.18}$$

Dans le puits quantique, le potentiel de l'hétérostructure ne dépend que de z, l'invariance cristalline étant préservée dans le plan (xOy). La fonction enveloppe s'écrit :

$$f_{n,\mathbf{k}}(\mathbf{r}) = \frac{1}{\sqrt{S}} \phi_n(z) \exp i\mathbf{k}_\parallel \rho \tag{1.19}$$

où $\mathbf{k}_\parallel = (k_x, k_y)$ est le vecteur d'onde dans le plans (xOy), S la surface de normalisation et ρ correspond à la projection du vecteur $\mathbf{r}$ sur le plan (xOy)

La fonction enveloppe vérifie l'équation de Schrödinger à une dimension (z) :

$$\left(-\frac{\hbar^2}{2m^*}\frac{d^2}{dz^2} + V(z)\right)\phi_n(z) = E_n \phi_n(z) \tag{1.20}$$

L'énergie totale est alors la somme :

$$E(n,\mathbf{k}) = E_n + \frac{\hbar^2 \mathbf{k}_\parallel^2}{2m^*} \tag{1.21}$$

L'équation 1.20 correspond à un matériau donné (A ou B), la masse effective dépend de z. Pour obtenir la fonction d'onde finale il faut résoudre cette équation dans chaque matériau et utiliser les relations de continuité à l'interface ($z = z_{AB}$) des fonctions d'onde et des courants de probabilité d'après [Bast 81].

$$\phi_n^A(z_{AB}) = \phi_n^B(z_{AB}) \tag{1.22}$$

et

$$\frac{1}{m_A^*}\frac{d}{dz}\phi_n^A(z_{AB}) = \frac{1}{m_B^*}\frac{d}{dz}\phi_n^B(z_{AB}) \tag{1.23}$$

Finalement sous cette forme l'équation 1.20 vérifie les relations de continuité aux interfaces :

$$\left(-\frac{\hbar^2}{2}\frac{d}{dz}\frac{1}{m^*(z)}\frac{d}{dz} + V(z)\right)\phi_n(z) = E_n \phi_n(z) \tag{1.24}$$

1.5.4 Coefficient d'absorption intersousbande

Les états électroniques, dans les puits quantiques sont décrits par la mécanique quantique, mais le champ électromagnétique (de fréquence ω et vecteur d'onde **q**) est traité classiquement. La forme de l'Hamiltonien d'interaction, en jauge de Coulomb, la plus utilisée dans les solides est :

$$H_{int} = \frac{e}{m^*}(\mathbf{A}.\mathbf{p}) \qquad (1.25)$$

où **A** est le potentiel vecteur du champ électrique $\mathbf{E} = -\frac{\partial \mathbf{A}}{\partial t}$ donné par :

$$\mathbf{E}(\mathbf{r},t) = E_0\mathbf{e}cos(\mathbf{q}.\mathbf{r} - \omega t) = \frac{E_0\mathbf{e}}{2}\left(e^{i(\mathbf{q}.\mathbf{r}-\omega t)} + e^{-i(\mathbf{q}.\mathbf{r}-\omega t)}\right), \qquad (1.26)$$

q est le vecteur de propagation, et **e** est le vecteur de polarisation.

Dans les systèmes $2D$ (on se place dans le cas des transitions intersousbandes) où seulement le niveau fondamental est peuplé, le taux de transition W_{ij} depuis le niveau fondamental $|\psi_i\rangle$ à l'état final $|\psi_j\rangle$ sous l'excitation d'un champ magnétique de fréquence ω est donné par la règle d'or de Fermi :

$$W_{if} = \frac{2\pi}{\hbar}|\langle\psi_f|H_{int}|\psi_i\rangle|^2\delta(E_f - E_i - \hbar\omega) \qquad (1.27)$$

en utilisant $\mathbf{E} = \frac{-\partial A}{\partial t}$ et l'équation 1.26 :

$$\mathbf{A}(\mathbf{r},t) = \frac{E_0\mathbf{e}}{\omega}sin(\mathbf{q}.\mathbf{r} - \omega t) = \frac{iE_0\mathbf{e}}{2\omega}e^{i(\mathbf{q}.\mathbf{r}-\omega t)} + C.C., \qquad (1.28)$$

A ce stade nous pouvons utiliser l'approximation dipolaire où le vecteur d'onde de la lumière est négligé. Pour les transitions ISB, cette condition est toujours vérifiée, les puits quantiques étudiés dans ce manuscrit ont des épaisseurs entre 1 et 10 nm, alors que les longueurs d'onde visées sont entre 1 et 100 μm. Donc l'équation 1.27 peut être écrite comme :

$$W_{if} = \frac{2\pi}{\hbar}\frac{e^2 E_0^2}{4m^{*2}\omega^2}|\langle\psi_f|\mathbf{e}.\mathbf{p}|\psi_i\rangle|^2\delta(E_f - E_i - \hbar\omega) \qquad (1.29)$$

En utilisant l'expression des fonctions enveloppes déterminée plus haut :

$$f_{n,\mathbf{k}}(\mathbf{r}) = \frac{1}{\sqrt{S}}\phi_n(z)\exp i\mathbf{k}_{/\!/}\rho \qquad (1.30)$$

L'élément de matrice $\langle\psi_f|\mathbf{e}.\mathbf{p}|\psi_i\rangle$ peut être divisé en deux parties, à cause de la variation lente de la fonction enveloppe f_n comparée à celle de la fonction de Bloch u_ν :

1.5 Théorie des transitions intersousbandes

$$\langle \psi_f | \mathbf{e}.\mathbf{p} | \psi_i \rangle = \mathbf{e}.\langle u_\nu | \mathbf{p} | u_{\nu'} \rangle \langle f_n | f_{n'} \rangle + \mathbf{e}.\langle u_\nu | u_{\nu'} \rangle \langle f_n | \mathbf{p} | f_{n'} \rangle \quad (1.31)$$

Le premier terme de cette équation est non nul uniquement pour les états issus de bandes différentes ($\nu \neq \nu'$). Il donne lieu aux transitions interbandes. Les fonctions u_ν étant orthogonales (le produit scalaire $\langle u_\nu | u_{\nu'} \rangle = 1$), le second terme ne couple que les états issus de la même bande. Il décrit les transitions intersousbandes.

L'élément de matrice est donné par :

$$\langle f_{n,\mathbf{k}} | \mathbf{e}.\mathbf{p} | f_{n',\mathbf{k}'} \rangle = \frac{1}{S} \int d^3 r e^{-i\mathbf{k}\mathbf{r}} \phi_n^*(z) [e_x p_x + e_y p_y + e_z p_z] e^{i\mathbf{k}'\mathbf{r}} \phi_{n'}(z). \quad (1.32)$$

Du fait de la forme particulière des fonctions enveloppes, les intégrales selon x et y de l'équation 1.32 sont nulles, seul le terme proportionnel à e_z est non nul. **Cette règle de sélection signifie que seul la composante du champ électrique perpendiculaire au plan des couches se couple aux transitions intersousbandes. En d'autres termes, le champ électrique doit avoir une composante TM pour exciter une transition intersousbande.**

Donc tout le problème se réduit à calculer le dipôle :

$$\langle n | \mathbf{p}_z | n' \rangle = \mu_{nn'} = \int dz \phi_n^*(z) p_z \phi_{n'}(z). \quad (1.33)$$

Le coefficient d'absorption α est définie comme le rapport entre l'énergie absorbée par unité de volume et par unité de temps, et l'énergie incidente. Pour une transition entre les sousbandes i et f, il est donné par :

$$\alpha(\omega) = \frac{S}{\Omega} \frac{\pi (E_i - E_f)^2 (\vec{\epsilon}.\vec{\mu}_{if})^2}{\omega \hbar^2 n c \epsilon_0} (n_i^s - n_f^s) \delta(E_f - E_i - \hbar\omega) \quad (1.34)$$

Dans les puits quantiques réels, la fonction $\delta(E)$ de *Dirac* doit être remplacée par une fonction d'élargissement spectral $g(E)$ qui reflète la largeur finie de la raie d'absorption. Cette fonction est introduite de manière phénoménologique. Dans les cas particuliers d'élargissement purement homogène ou purement inhomogène, $g(E)$ correspond à une fonction de type Lorentzien ou Gaussien, respectivement. Elle est donnée respectivement par :

$$g(E) = \frac{\hbar \Gamma}{\pi} \frac{1}{(E_f - E_i - \hbar\omega)^2 + (\hbar\Gamma)^2} \quad (1.35)$$

et

$$g(E) = \frac{1}{\sqrt{\pi}\hbar\Gamma} e^{-\frac{(E_f - E_i - \hbar\omega)^2}{(\hbar\Gamma)^2}} \quad (1.36)$$

avec $\hbar\Gamma$ est la mi-largeur à mi-hauteur.

Pour un angle θ entre la direction de propagation de l'onde dans le matériau et la normale aux couches, nous avons $(\vec{\epsilon}.\vec{\mu_{if}}) = \mu_{if} sin\theta$ et $\frac{S}{\Omega} = \frac{1}{Lcos\theta}$, où L et l'épaisseur de la région active et μ_{if} le dipôle de la transition E_i vers E_f. Donc le coefficient d'absorption 1.34 est égal à :

$$\alpha(\omega) = \frac{1}{L}\frac{\pi(E_i - E_f)^2 \mu_{if}^2}{\omega\hbar^2 nc\epsilon_0}\frac{sin^2\theta}{cos\theta}(n_i^s - n_f^s)g(E_f - E_i - \hbar\omega) \quad (1.37)$$

D'autre part, le coefficient d'absorption intersousbande de la transition E_i vers E_f est le produit de la section efficace d'absorption $\sigma(\omega)$ par la différence de population entre les sousbandes i et f par unité de volume, il s'écrit comme :

$$\alpha(\omega) = \frac{(n_i^s - n_f^s)}{L}\sigma(\omega) \quad (1.38)$$

d'après les équations 1.37 et 1.38 on déduit l'expression de la section efficace d'absorption :

$$\sigma(\omega) = \frac{\pi(E_i - E_f)^2 \mu_{if}^2}{\omega\hbar^2 nc\epsilon_0}\frac{sin^2\theta}{cos\theta}g(E_f - E_i - \hbar\omega) \quad (1.39)$$

Je définis une autre quantité souvent utilisée qui est la force d'oscillateur décrivant la force de couplage quantique entre les sousbandes i et f :

$$f_{if} = \frac{2m_0(E_f - E_i)}{e^2\hbar}\mu_{if}^2 \quad (1.40)$$

donc la section efficace d'absorption s'écrit :

$$\sigma(\omega) = \frac{\pi e^2(E_i - E_f)}{2m_0\omega nc\epsilon_0}f_{12}\frac{sin^2\theta}{cos\theta}g(E_f - E_i - \hbar\omega) \quad (1.41)$$

1.6 Etat de l'art

La première observation d'absorptions intersousbandes dans des puits quantiques GaN/Al$_{0.6}$Ga$_{0.4}$N élaborés par MOCVD date de 1997. L'absorption a été observée à la longueur d'onde de 3-4 μm [Suzu 97]. C. Gmachl et

1.6 Etat de l'art

al. à Bell-Labs rapporte en 2000 la première observation d'une absorption intersousbande dans les puits quantiques de nitrures élaborés par MBE dans la gamme spectrale des télécommunications par fibre optique [Gmac 00]. Depuis, des absorptions intersousbandes à courte longueur d'onde infrarouge ont été rapportées par plusieurs équipes dans des puits quantiques GaN/AlGaN [Kish 02, Iizu 02, Helm 03], des puits couplés [Gmac 01, Dris 07] mais aussi des hétérostructures à l'accord de maille GaN/AlInN et à contrainte compensée GaInN/AlInN [Nico 05, Cywi 06]. Des absorptions ISB dans le proche infrarouge a été aussi observée dans des boîtes quantiques GaN/AlN [Moum 03, Tche 05, Guil 06].

La gamme spectrale du proche infrarouge était inaccessible aux dispositifs ISB à base de matériaux GaAs/AlGaAs ou InGaAs/InAlAs sur InP. Elle pouvait être couverte grâce à la discontinuité de potentiel en bande de conduction très élevée entre le GaN et l'AlN. *M. Tchernycheva* et al. a montré par une étude systématique de puits GaN/AlN d'épaisseur variable que la valeur de la discontinuité de potentiel en bande de conduction était de 1.75±0.05 eV [Tche 06].

Outre la possibilité d'accorder la longueur d'onde dans le domaine télécom, une motivation majeure pour les recherches sur les composants intersousbandes de nitrures tient à leur extrême rapidité intrinsèque qui permet d'envisager la réalisation de dispositifs intersousbandes fonctionnant au-delà du Tbit/s. Il a été montré que le temps de retour à l'équilibre des porteurs entre sousbandes est inférieur à la picoseconde grâce à la forte interaction des électrons avec les phonons optiques longitudinaux. Les temps mesurés vont de 170 à 370 fs à 1.55 μm [Hebe 02, Hama 04, Iizu 05].

Je donne dans la suite quelques exemples de composants intersousbandes à base de puits quantiques de GaN/AlGaN.

1.6.1 Absorbants saturables

L'absorbant saturable utilisé comme commutateur tout-optique est la première application des transitions intersousbandes dans les nitrures. Ce composant ne demande pas une ingénierie des couches très complexe et bénéficie du temps de retour à l'équilibre de l'absorption extrêmement rapide. Cela permet la fabrication de commutateurs tout-optique multi-Tbits/s. Cet axe de recherche a été fortement développé par *Iizuka* et al. à Toshiba [Iizu 04, Iizu 05, Iizu 06b]. Ces auteurs ont montré une extinction de 11.5 dB pour une énergie par impulsion pompe de 100 pJ [Shim 07]. L'équipe de *Roberto Paiella* à l'Université de Boston a montré qu'en optimisant le guide d'onde, c'est-à-dire, en augmentant le recouvrement modal du champ électromagnétique avec les puits quantiques, l'énergie de saturation peut être diminuée à 38 pJ pour une profondeur de modulation de 10 dB [Li 06a, Li 07]. Pour diminuer encore l'énergie de saturation, ces auteurs travaillent sur l'insertion de puits quantiques couplés dans la région active [Sun 05a, Li 06b, Dris 07].

1.6.2 Détecteurs infrarouges

Le QWIP (Quantum Well Infrared Photodetector) est un détecteur infrarouge photoconducteur mettant en jeu des transitions intersousbandes. L'absorption d'un photon incident se fait par l'intermédiaire d'une transition intersousbande entre le niveau fondamental et le niveau excité qui est couplé par effet tunnel aux états du continuum par application d'un champ électrique. L'électron photo-excité donne lieu à un photo-courant.

Le premier QWIP à base de matériaux nitrures a été réalisé par l'équipe de *D. Hofstetter*. Le pic de photo-courant a été mesuré à 10 K vers 1.76 μm [Hofs 03]. La réponse de ce photo-détecteur est estimée à 100 $\mu A/W$ et la détectivité D* = 2×10^9 $cm \times Hz/W$. Néanmoins, ce photo-détecteur souffre d'un courant d'obscurité gigantesque lié à la présence de fuites de courant via les dislocations traversantes en grande densité.
Pour pallier cette difficulté, le même équipe a proposé et démontré des détecteurs GaN/AlN photovoltaïques basé sur un processus de rectification optique [Baum 05]. La réponse de ces dispositifs reste très modeste [Hofs 07].

Récemment, des détecteurs photovoltaïques à cascade quantique (QCD) ont été conçus [Gend 04]. L'intérêt de ces dispositifs est de supprimer le courant d'obscurité qui limite les QWIPs. La figure 1.7 à gauche montre une période de la structure active d'un QCD à base de GaN/AlN. Elle contient 1 puits en GaN et 6 périodes en AlN/Al$_{0.25}$GaN de 1nm/1nm qui constitue l'extracteur.

Le puits quantique A est le puits actif, il est dopé n. L'ensemble des puits non dopés B-F forme l'extracteur. Sous excitation optique l'électron passe de l'état fondamental à l'état excité (du puits A) qui est délocalisé

1.6 Etat de l'art

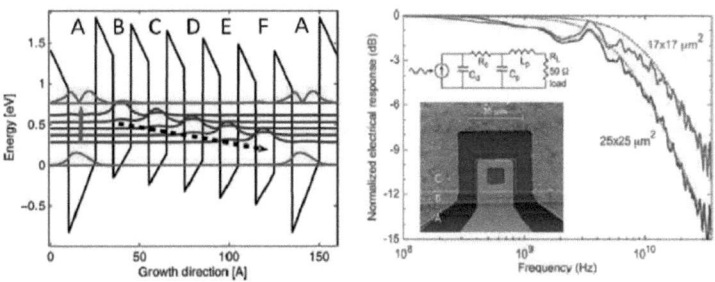

FIGURE 1.7 – A gauche : Profil de bande d'un QCD GaN/AlN. A droite : réponse en fréquence du QCD. Figure tirée de [Vard 08b].

dans le premier puits de l'extracteur (puits B). L'électron subit une cascade de relaxation entre les puits B-F en émettant un phonon optique à chaque transition. La charge est transférée sur plusieurs centaines de nanomètres en créant un photovoltage mesurable aux bornes de la structure. L'originalité du détecteur à cascade quantique à base de nitrures est qu'il exploite le champ électrique interne pour réaliser la cascade de niveaux séparés par un phonon optique LO. Le pic de photo-courant a été observé à $\lambda = 1.7~\mu m$ à température ambiante, la réponse du détecteur est de 10 mA/W (1kV/W). L'équipe de l'IEF a montré que ces détecteurs étaient non seulement sensibles mais potentiellement très rapides [Vard 08b]. La figure 1.7 à droite montre la réponse en fréquence d'un QCD, la fréquence de coupure à -3 dB limitée par la constante RC du dispositif atteint 11.4 GHz.

En réduisant l'épaisseur du puits actif à 4-5 monocouches atomiques, S. Sakr à l'IEF a montré que le pic de photocourant pouvait être accordé à $\lambda = 1.5~\mu m$ à température ambiante [Sakr 10].

1.6.3 Modulateurs électro-optiques

Plusieurs types de modulateurs électro-optiques ont été démontrés dans les nitrures. Le premier modulateur électro-optique proposé par l'équipe de *D. Hofstetter* utilise le transfert de charge entre un super-réseau et un gaz d'électrons bidimensionnel formé à l'interface entre le super-réseau et la couche inférieure de GaN [Baum 06].

Le deuxième type de modulateurs développé par notre équipe à l'IEF

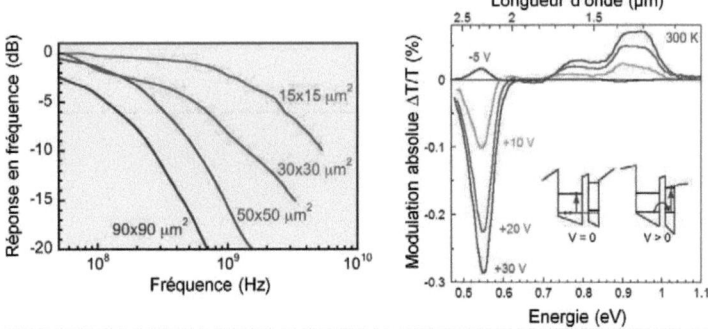

FIGURE 1.8 – A gauche : Réponse en fréquence d'un modulateur à transfert de charge pour différentes tailles de mesas. A droite : Spectres de transmission différentielle. Figure tirée de [Nevo 07b].

repose sur le transfert de charge entre deux puits couplés. Les puits quantiques de GaN sont couplés par une barrière de potentiel ultramince (1nm) en AlN [Nevo 07b]. L'un des puits sert de réservoir d'électrons, l'autre, le puits actif, est conçu pour présenter une transition intersousbande à $\lambda = 1.3 - 1.55 \ \mu m$. Sous application d'une tension positive, les électrons sont transférés par effet tunnel du puits réservoir au puits actif et le modulateur est absorbant. Il redevient transparent en appliquant une tension négative (figure 1.8 à droite). La bande passante (-3 dB) de modulation optique limitée par la constante RC atteint 3 GHz pour des mesas de $15 \times 15 \ \mu m^2$ [Khei 08]. Intrinsèquement, le temps de réponse est extrêmement court, de l'ordre de la picoseconde. Des fréquences de coupure dépassant les 60 GHz ont été prédites par *P. Holmström* [Holm 06].

Un troisième type de modulateurs développés par l'équipe de l'IEF repose sur le peuplement/dépeuplement des puits quantiques sous l'action d'un champ électrique [Mach 09]. En insérant la région active composée de trois puits quantiques GaN/AlN dans un guide d'onde en AlGaN, nous avons montré que la profondeur de modulation à $\lambda = 1.55 \ \mu m$ atteignait 13.5 dB pour une tension appliqué de ± 7 V.

1.6 Etat de l'art

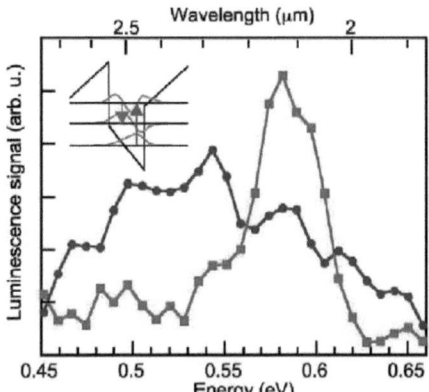

FIGURE 1.9 – **Luminescence intersousbande de deux super-réseaux GaN/AlN à température ambiante [Nevo 07a]**.

1.6.4 Emission de lumière ISB

De nombreux travaux théoriques ont porté sur la réalisation de lasers à cascade quantique dans le système GaN/AlGaN [Sun 05b, Jova 03, Bell 08]. La première observation expérimentale de l'émission intersousbande dans un super-réseau GaN/AlN, a été obtenue dans notre laboratoire par *L. Nevou* et al. [Nevo 06, Nevo 07a]. Les puits en GaN de 8 monocouches d'épaisseur étaient conçus pour présenter 3 niveaux d'énergie en bande de conduction. Sous pompage optique de la transition e_1e_3 à 980 nm, l'émission e_3e_2 a été observée à 2.1 μm (voir figure 1.9). Le même résultat a été obtenu plus récemment par *K. Driscoll* et al. en utilisant cette fois un pompage optique impulsionnel [Dris 09].

L. Nevou au laboratoire a montré que les boîtes quantiques GaN/AlN donnaient lieu à une émission intrabande à $\lambda = 1.48$ μm à température ambiante par un processus Raman résonnant [Nevo 08].

Chapitre 2

Transitions intersousbandes des puits quantiques GaN/AlGaN polaires

2.1 Introduction

Dans ce chapitre je présente une étude du confinement électronique dans les puits quantiques GaN/AlGaN en phase hexagonale épitaxiés selon l'axe polaire [0001]. Le confinement électronique dans ce type de structure est compliqué par la présence du champ interne. Pour concevoir des structures dans la gamme spectrale 1-12 μm, il est particulièrement important de comprendre l'effet du champ sur le confinement électronique pour pouvoir calculer les énergies des transitions intersousbandes et interpréter les résultats expérimentaux. Notre but est de pousser les transitions intersousbandes du proche infrarouge jusqu'à 12 μm, c'est à dire jusqu'à la bande d'absorption *Reststrahlen* du GaN.

2.2 Etude théorique

2.2.1 Courbure de bande

Dans une hétérostructure GaN/AlN, la différence de polarisation entre GaN et AlN va induire un plan de charge à chaque interface de densité surfacique :

$$\sigma = \Delta \vec{P} . \vec{n} \quad (2.1)$$

Où $\vec{n}$ est le vecteur unitaire normal à la surface. $\Delta \vec{P}$ est la différence de polarisation entre GaN et AlN. Les deux interfaces portent chacune un plan de charge de même densité mais de signe opposé.

L'équation de continuité de la composante perpendiculaire du vecteur déplacement électrique $\vec{n} . (\vec{D}_1 - \vec{D}_2) = 0$ conduit à la discontinuité du champ électrique $\vec{F}$ suivante :

$$F_B - F_{PQ} = \frac{P_{PQ} - P_B}{\epsilon_0 \epsilon_r} = -\frac{\Delta P}{\epsilon_0 \epsilon_r} \quad (2.2)$$

avec l'approximation que la constante diélectrique $\epsilon_0 \epsilon_r$ est la même dans les matériaux puits et barrière. Pour une hétérostructure GaN/AlN en phase hexagonale $\frac{\Delta P}{\epsilon_0 \epsilon_r} = 10$ MV/cm.

La discontinuité de polarisation entre GaN et AlN peut induire une courbure globale du profil de potentiel dans l'échantillon. Cette courbure de bande est la cause principale de la formation d'une zone de déplétion et la formation d'un gaz d'électron bidimensionnel dans la structure. Cela affecte radicalement les absorptions intersousbandes. L'effet de la courbure de bande est illustré sur la figure 2.1. Cette figure montre le profil de potentiel en bande de conduction et la densité électronique calculés pour 10 périodes de multi-puits quantiques GaN/AlN d'épaisseur $2nm/2nm$ entre deux couches tampons en GaN (A-C), en AlN (D-E), en AlN et GaN (F) et en $Al_{0.5}Ga_{0.5}N$ (G-I). Pour les figures A, B, D, E, G, et H, les couches tampons sont non dopées. Pour les figures C et I les couches tampons sont dopées à $1 \times 10^{19} cm^{-3}$. Pour la figure F, seulement la couche tampon inférieure est dopée. La région active est non dopée pour les figures A, D et G. Pour les figures B, C, E, F, H, et I, les puits quantiques sont dopés à $5 \times 10^{19} cm^{-3}$. La ligne en pointillée correspond au niveau de Fermi.

2.2 Etude théorique

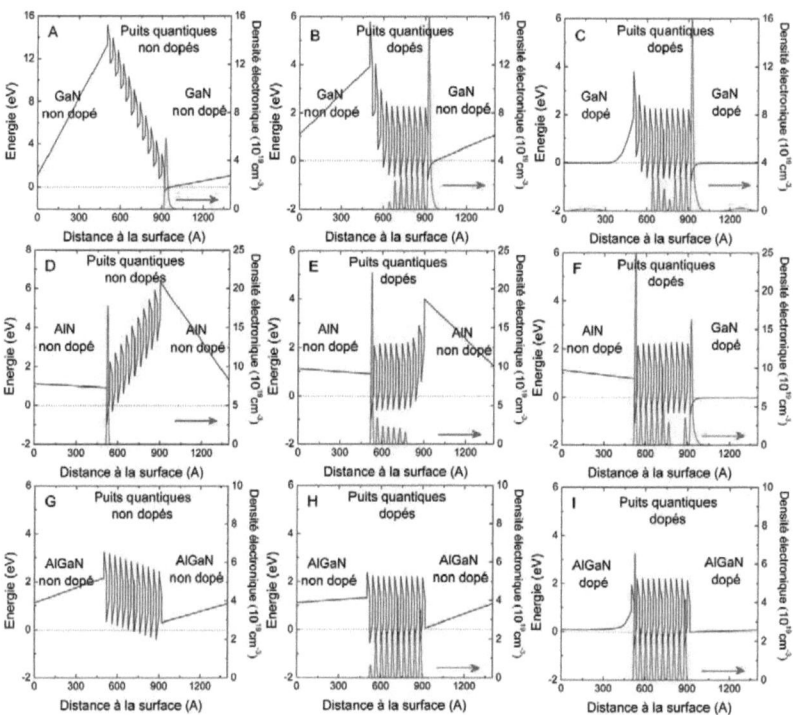

FIGURE 2.1 – **Profil de la bande de conduction et la densité électronique calculée pour 10 périodes de puits quantiques GaN/AlN pris entre deux couches tampons en GaN (A-C), en AlN (D-E), en AlN (F) et en $Al_{0.5}GaN_{0.5}N$ (G-I). La ligne en pointillée correspond au niveau de Fermi.**

Dans le cas (A), le profil de potentiel est fortement perturbé. On observe la formation d'un gaz d'électrons 2D, entre la région active et la couche contact inférieure, et l'apparition d'une zone dépeuplée à l'interface entre la région active et la couche contact supérieure. Dans le cas où la région active est dopée (B et C), le potentiel obtenu dans la partie active se divise en deux régions : une région de bande plate et une région à forte courbure de bande. La majorité des puits quantiques se trouvent dans la première région, où la chute de potentiel pour une période est nulle, à l'exception des trois derniers puits situés près de la couche de contact supérieur. Ces trois derniers puits ont une énergie plus haute que le niveau de Fermi et sont donc dépeuplés. En conséquence ils ne participent pas à l'absorption intersousbande. Dans le cas des contacts en AlN non dopés (D), le potentiel est fortement perturbé avec une formation d'un gaz d'électron 2D entre la région active et le contact supérieur. Lorsque la région active est dopée (E), nous avons toujours une région avec une forte courbure de bande à l'interface avec le contact inférieur. Dans le cas où les puits et la couche tampon inférieure sont dopés (F), on obtient un profil de bande plat mais avec une densité électronique dans les puits faibles et non homogènes.

C'est seulement lorsque la teneur en Al des couches tampons correspond à la teneur moyenne en Al du super réseau et que ces couches sont dopées (I), que nous obtenons une densité électronique relativement homogène dans les puits, et l'absence de courbure de bande. Dans ce cas, les conditions périodiques peuvent être appliquées pour calculer la distribution du champ dans les couches.

En appliquant les conditions périodiques (la chute de potentiel est nulle aux bornes de chaque période GaN/AlN), le champ électrique est réparti dans le puits et la barrière selon les formules suivantes :

$$F_{GaN} = -\frac{\Delta P}{\epsilon_0 \epsilon_r}\left(\frac{L_{AlN}}{L_{AlN}+L_{GaN}}\right) \text{ et } F_{AlN} = \frac{\Delta P}{\epsilon_0 \epsilon_r}\left(\frac{L_{GaN}}{L_{AlN}+L_{GaN}}\right) \quad (2.3)$$

où L_{GaN} et L_{AlN} désignent respectivement, l'épaisseur du puits et de la barrière.

2.2.2 Effet Stark quantique confiné

La figure 2.2 présente le profil de potentiel d'un puits quantique GaN/AlN en phase cubique (à gauche) et en phase hexagonale (à droite). En l'absence du champ interne et en négligeant l'énergie de liaison de l'exciton, la transition interbande fondamentale dans un puits quantique se fait à l'énergie :

$$E_{e-h} = E_g + E_{e_1} + E_{h_1} \quad (2.4)$$

où E_{e_1} et E_{h_1} sont les énergies de confinement de l'état fondamental pour l'électron et le trou, et E_g la largeur de bande interdite du GaN. La transition a donc toujours lieu à une énergie supérieure à celle de l'énergie de la bande interdite du GaN. En présence du champ électrique (figure 2.2 à droite), les bandes de conduction et de valence s'inclinent, ce qui a pour conséquence de

2.2 Etude théorique

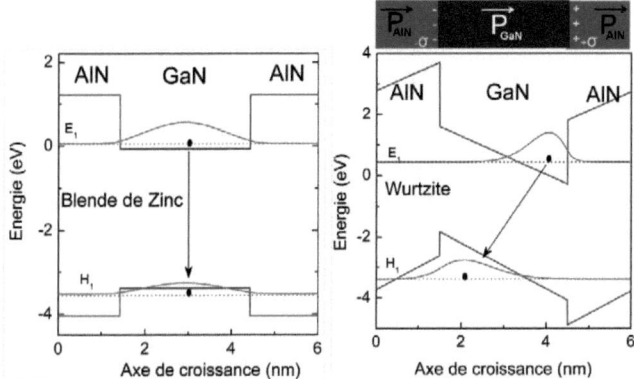

FIGURE 2.2 – **Profil de potentiel d'un puits quantique GaN/AlN de 3nm/3nm sans et avec champ électrique interne (obtenu avec une structure Blende de Zinc et Wurtzite).** Le carré de la fonction enveloppe de l'électron et de trou sont représentés. Les traits en pointillés représentent les niveaux d'énergies.

décaler spatialement les fonctions d'onde d'électron et de trou et d'abaisser l'énergie de la transition. Ce phénomène est appelé l'effet *Stark quantique confiné*. L'énergie de la transition d'un puits quantique d'épaisseur L_p soumis à un champ F s'écrit :

$$E_{e-h} = E_g + E'_{e_1} + E'_{h_1} - eFL_p \qquad (2.5)$$

où E'_{e_1} et E'_{h_1} représentent cette fois l'énergie du confinement de l'électron et du trou dans un puits triangulaire, et e la charge de l'électron.

2.2.3 Energie des transitions intersousbandes

Pour calculer les états électroniques, j'ai utilisé le programme développé par Maria Tchernycheva dans le cadre de sa thèse. Les simulations consistent à résoudre de façon auto-cohérente les équations de Schrödinger et Poisson dans un modèle de masse effective [Tche 06]. Pour prendre en compte l'effet de la non parabolicité de la bande de conduction du GaN, la dépendance de la masse effective en fonction de l'énergie est déduite de la dispersion $E(k)$

calculée par un modèle **k.p** à 8 bandes :

$$\frac{m^*(E)}{m_0} = 0.22 + 0.1228E + 0.021E^2 \tag{2.6}$$

où E est l'énergie à partir du bas de la bande de conduction et m_0 la masse de l'électron libre. La discontinuité de potentiel en bande de conduction entre GaN et AlN est prise égale à 1.75 eV dans tous nos calculs, et la discontinuité de polarisation divisée par les constantes diélectriques $\frac{\Delta P}{\epsilon_0 \epsilon_r}$ entre GaN et AlN est prise égale à 10 MV/cm.

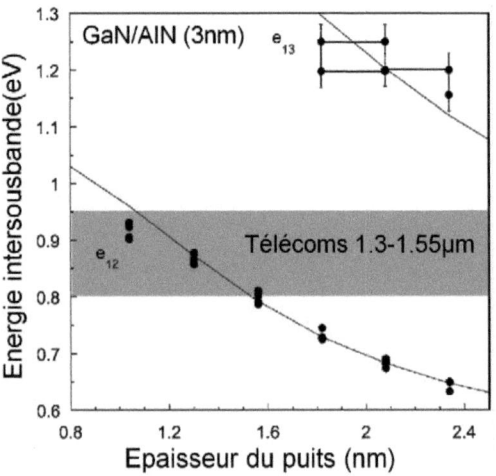

FIGURE 2.3 – **Energie intersousbande E_{12} et E_{13} mesurée et calculée pour un puits quantique GaN/AlN en fonction de l'épaisseur du puits. L'épaisseur de la barrière est maintenue constante à 3nm. La bande grise représente la gamme spectrale des télécommunications par fibre optique (figure tirée de [Tche 06]).**

La figure 2.3, montre l'énergie des transitions intersousbandes e_{12} et e_{13} calculées en fonction de l'épaisseur du puits (courbes en traits pleins), ainsi que les valeurs expérimentales (points). L'épaisseur des barrières est maintenue constante à 3 nm.

L'énergie de la transition intersousbande e_{12} couvre la gamme spectrale des télécommunications par fibre optique (bande grise) pour des épaisseurs du puits comprises entre 1 nm et 1.5 nm.

2.2 Etude théorique

Nous pouvons distinguer deux régions dans la dépendance de l'énergie e_{12} avec l'épaisseur du puits. Pour $L_p \leq 1.7$ nm, l'énergie intersousbande diminue rapidement avec l'augmentation de l'épaisseur du puits, puis elle tend à saturer pour $L_p \geq 1.7$ nm.

Pour les puits étroits, c'est l'épaisseur du puits qui régit l'énergie de transition intersousbande e_{12}, le champ interne ayant peu d'influence (figure 2.4 à gauche).

En revanche, dans le cas des puits larges ($L_p \geq 1.7$ nm), le niveau fondamental et le premier niveau excité sont confinés dans le potentiel en V induit par le champ électrique interne. Dans ce cas, c'est le champ qui régit l'énergie de transition intersousbande (figure 2.4 à droite).

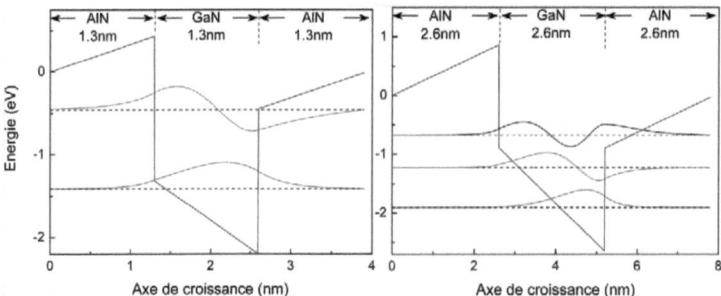

FIGURE 2.4 – **Profil de potentiel en bande de conduction ainsi que les niveaux d'énergie e_1, e_2 et e_3 et les fonctions d'onde correspondantes dans le cas d'un puits étroit (1.3nm) à gauche, et d'un puits large (2.6nm) à droite.**

Dans les puits larges la transition de l'état fondamental au deuxième état excité peut avoir lieu. Cette transition est interdite dans les puits quantiques symétriques. Puisque, dans les puits quantiques des nitrures la symétrie est brisée par la présence du champ électrique interne, cette transition devient permise. Lorsque l'épaisseur du puits L_p est réduite, l'énergie de la transition e_{13} augmente de façon monotone jusqu'à $L_p \approx 1.8$ nm. Lorsque l'épaisseur de puits L_p est inférieure à 1.8 nm, le niveau excité e_3 devient délocalisé dans le continuum et la force d'oscillateur de la transition e_{13} chute rapidement.

2.2.4 Réduction du champ interne dans les puits quantiques

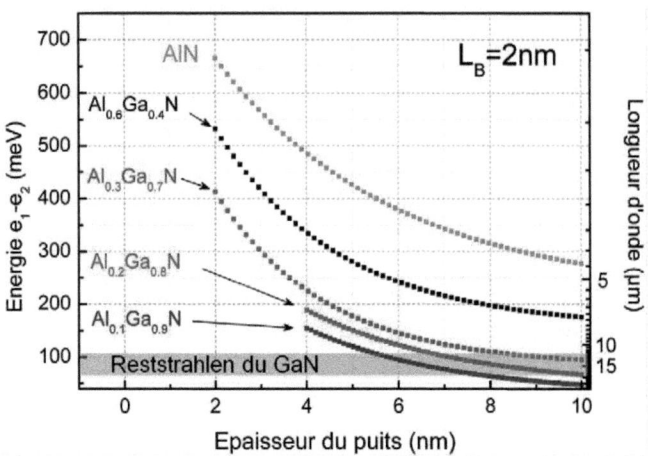

FIGURE 2.5 – **Energie intersousbande $e_1 - e_2$ en fonction de l'épaisseur du puits calculée pour un puits quantique où l'épaisseur de la barrière a été fixée à 2nm et pour différentes concentrations d'Al dans la barrière. La bande d'absorption *Reststrahlen* du GaN (13-20μm) est représentée par une bande verte.**

Dans le but de baisser l'énergie de transition intersousbande dans les puits quantiques GaN/AlN, le champ électrique dans le puits doit être réduit. En se basant sur l'équation (2.3), le champ dans le puits peut être baissé en utilisant des barrières en AlGaN avec une faible concentration d'Aluminium tout en augmentant l'épaisseur du puits et en diminuant celle de la barrière. La figure 2.5 présente le résultat du calcul de l'énergie de la transition intersousbande e_{12} en fonction de l'épaisseur du puits et de la teneur en Aluminium dans la barrière. L'épaisseur de la barrière est maintenue fixe à 2 nm. La non-linéarité du gap de l'AlGaN a été prise égale à zéro dans les calculs.

Comme attendu, l'énergie $e_1 - e_2$ diminue avec l'épaisseur du puits. Elle diminue aussi à épaisseur de puits fixée lorsque la concentration en Aluminium diminue. Pour couvrir la gamme spectrale allant du moyen infrarouge au *Reststrahlen* du GaN, un bon compromis est d'utiliser des barrières en

$Al_xGa_{1-x}N$ avec $x \leq 0.3$ et des épaisseurs de puits comprises entre 4 et 8 nm.

2.3 Etude expérimentale

2.3.1 Description des échantillons

La croissance des puits quantiques GaN/AlGaN a été effectuée dans le laboratoire Nanophysique et Semiconducteurs DRFMC du CEA de Grenoble par *Eva Monroy* et *Prem Kumar Kandaswamy*. Elle a été réalisée par épitaxie par jets moléculaires assistée par plasma d'azote. La température du substrat a été fixée à $700°C$, environ $20°C$ inférieure à la température standard utilisée pour la croissance des puits quantiques GaN/AlN [Kand 08]. Cela réduit la probabilité d'interdiffusion de GaN et AlGaN. Les barrières et les puits quantiques ont été épitaxiés dans des conditions riches en Ga.

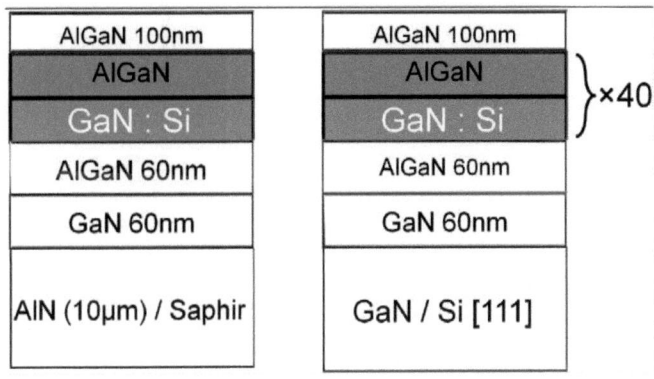

FIGURE 2.6 – Structure des échantillons.

La structure des échantillons est représentée sur la figure 2.6. La partie active est un super réseau, qui contient 40 périodes de puits quantiques GaN dopés Si avec des barrières en AlGaN. Deux couches en GaN et AlGaN d'épaisseur 60 nm sont déposées sur le quasi-substrat pour réduire le nombre de dislocations traversant la structure active et améliorer la qualité des couches épitaxiées. Le super réseau est recouvert d'une couche de 100 nm en AlGaN, la teneur en Al de cette couche est choisie soigneusement afin d'éviter tout effet de courbure de bande dû aux charges d'interfaces.

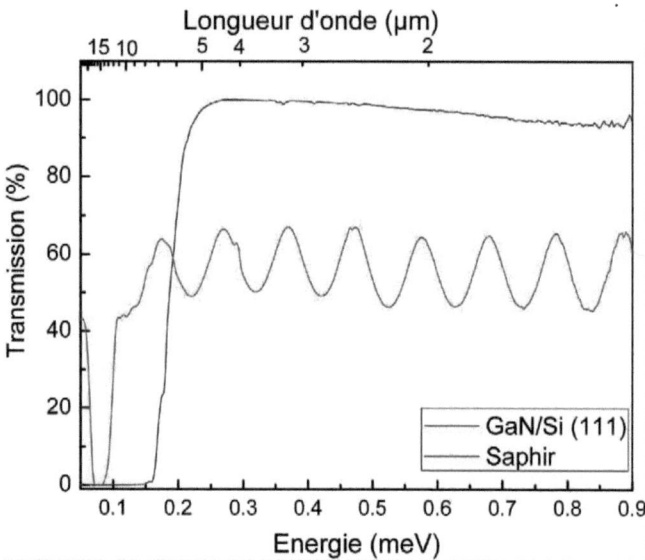

FIGURE 2.7 – **Transmission infrarouge dans la gamme spectrale 1 à 25µm du substrat saphir, comparée à la transmission du substrat GaN/Si (ou HEMT). Les oscillations correspondent aux résonances Fabry-Perot dans les couches GaN.**

Le tableau 2.1 présente une description détaillée des différents échantillons utilisés dans cette étude.

Deux types de substrats ont été utilisés :
- **Le saphir** : La plupart des structures destinées à l'étude des transitions intersousbandes dans les puits quantiques GaN/AlGaN dans le proche infrarouge sont épitaxiées sur substrat saphir qui offre une transmission de 90 − 100 % entre 1 et 5 µm. Malheureusement le saphir présente une extinction de sa transmission à 5.5 µm (voir figures 2.7).
- **GaN/Si (111)**, ce substrat offre la possibilité d'observer les absorptions intersousbandes des puits quantiques GaN/AlGaN jusqu'à la gamme *Reststrahlen* du GaN (13 µm). Il s'agit des couches de type HEMT de GaN/AlGaN épitaxiées sur substrat Silicium (111). Le gap de transmission entre 13 et 19 µm est attribuée à la bande *Reststrahlen* du GaN. Les oscillations correspondent aux résonances Fabry-Perot dans les couches HEMT.

2.3 Etude expérimentale   51

	Echantillon	L_p (nm)	L_b (nm)	Composition $x(\%)$	Dopage (cm^{-3})	Substrat
Série 1	E1744	3	3	100	5×10^{19}	saphir
	E1743	3	3	80	5×10^{19}	saphir
	E1742	3	3	60	5×10^{19}	saphir
	E1741	3	3	40	1×10^{19}	GaN/Si
	E1740	3	3	20	1×10^{19}	GaN/Si
Série 2	E1818	3	3	30	1×10^{19}	GaN/Si
	E1816	5	3	30	1×10^{19}	GaN/Si
Série 3	E1820	5	3	35	1×10^{19}	GaN/Si
	E1816	5	3	30	1×10^{19}	GaN/Si
	E1826	5	3	20	1×10^{19}	GaN/Si
	E1980	6	4	10	1×10^{19}	GaN/Si
	E1979	7	4	10	1×10^{19}	GaN/Si
Série 4	E2128	3	3	20	1×10^{19}	GaN/Si
	E2125	3	3	20	5×10^{19}	GaN/Si
	E2126	3	3	20	1×10^{20}	GaN/Si
	E2124	3	3	20	5×10^{20}	GaN/Si

TABLE 2.1 – Structure des échantillons des séries 1, 2, 3 et 4. Notations : L_p est l'épaisseur nominale des puits quantiques ; L_b est l'épaisseur nominale des barrières ; x(%) est le pourcentage d'Al dans la barrière. Le dopage a été introduit uniquement dans les puits quantiques.

2.3.2 Réduction des barrières

La série 1 est un ensemble de puits quantiques GaN/AlGaN de 3 nm/3 nm et de 40 périodes épitaxiées sur substrat saphir et GaN/Si (111). La teneur en Al des barrières varie de 100% pour E1744 jusqu'à 20% pour E1740 par pas de 20% (voir tableau 2.1).

Spectroscopie de photoluminescence de la série 1

J'ai caractérisé les échantillons à multi-puits quantiques GaN/Al$_x$Ga$_{1-x}$N par spectroscopie de photoluminescence (PL) sous excitation UV à $\lambda =$

244 nm afin de sonder la transition fondamentale interbande $e_1 - h_1$.

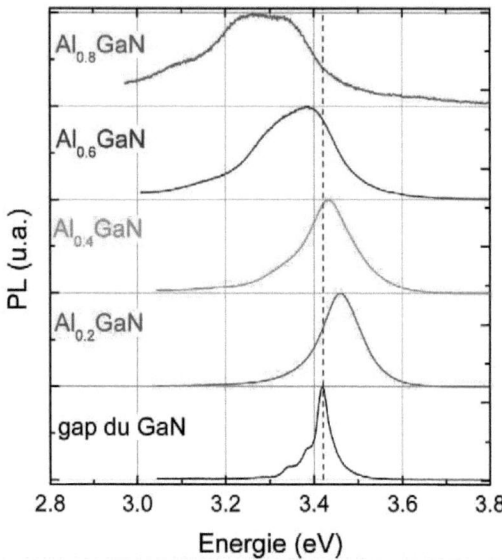

FIGURE 2.8 – **Spectres de photoluminescence à 300 K des puits quantiques GaN/Al$_x$Ga$_{1-x}$N de la série 1.**

Echantillon	E1743	E1742	E1741	E1740
Al (%)	80	60	40	20
PL (eV)	3.28	3.38	3.43	3.46
FWHM (meV)	270	200	120	100
F_w (MV/cm)	-4	-3	-2	-1

TABLE 2.2 – **Energie de photoluminescence de la série 1, FWHM est la valeur de la largeur totale à mi-hauteur. F_w désigne la valeur du champ interne dans le puits.**

La figure 2.8 montre les spectres de la photoluminescence à la température ambiante des puits quantiques de la série 1. A titre de référence, j'ai reporté le spectre de PL du quasi substrat GaN (3.41 eV).

Lorsque la concentration en Al diminue de 80% à 20%, le pic de photoluminescence se déplace progressivement vers le bleu. Pour l'échantillon E1743

2.3 Etude expérimentale

(80%) l'énergie de PL est inférieure de 130 meV à celle de la luminescence du bord de bande du GaN. Pour l'échantillon E1742 (60%), elle est très proche de cette dernière et elle passe au dessus du gap de GaN pour E1741 et E1740 (40% et 20% respectivement). Ce phénomène est dû à la réduction de l'effet *Stark* quantique confiné. Lorsque la teneur en Al diminue, la valeur du champ interne diminue dans le puits, cela pousse le niveau fondamental e_1 (h_1) vers les hautes (basses) énergies, ce qui explique l'augmentation de l'énergie de PL en diminuant la teneur en Al dans les barrières.

Le tableau 2.2 résume les valeurs de PL, l'élargissement spectral et la valeur du champ interne dans le puits pour chaque échantillon. La largeur totale à mi-hauteur augmente avec la teneur en Al. Cet effet est lié à la fluctuation de l'épaisseur du puits d'une monocouche. En effet, dans le cas de E1740 (20%), la valeur du champ interne dans le puits est de -1 MV/cm soit 10 mV/Å. Nous avons vu que le champ contribue à l'énergie de PL comme -eFL.

$$E_{e-h} = E_g + E'_{e_1} + E'_{h_1} - eFL_p \qquad (2.7)$$

La variation de l'épaisseur du puits (L_p) d'une monocouche atomique ($\pm$ 2.6 Å) induit une variation de l'énergie de l'émission de 52 meV dans ce cas. Plus la concentration d'Al augmente dans les barrières, plus le champ interne dans le puits augmente. Pour E1743 (80%), la variation de l'épaisseur du puits d'une monocouche modifie l'énergie de la PL de $\approx$ 200 meV, ce qui explique l'augmentation de l'élargissement avec la concentration d'Al dans les barrières.

D'autre part, la figure 2.9 présente le profil de potentiel d'un puits quantique GaN/Al$_x$Ga$_{1-x}$N de 3nm/3nm ($x = 0.2$ à droite et $x = 1$ à gauche), avec les fonctions d'onde de l'électron ψ_e et du trou ψ_t. Pour une valeur élevée du champ interne dans le puits (figure 2.9 à gauche), les fonctions d'onde de l'électron et du trou sont séparées spatialement ce qui diminue leur recouvrement et réduit considérablement l'efficacité de recombinaison radiative. Cela explique le fait que le signal de photoluminescence diminue dans le cas des barrières à forte concentration d'Al (E1743), jusqu'à sa disparition pour E1744 (100%).

L'énergie de la PL est gouvernée par deux effets opposés. En effet, d'une part la réduction de la teneur en Al dans les barrières décale l'énergie de la transition $e_1 - h_1$ vers le rouge. D'autre part, les niveaux fondamentaux e_1 et

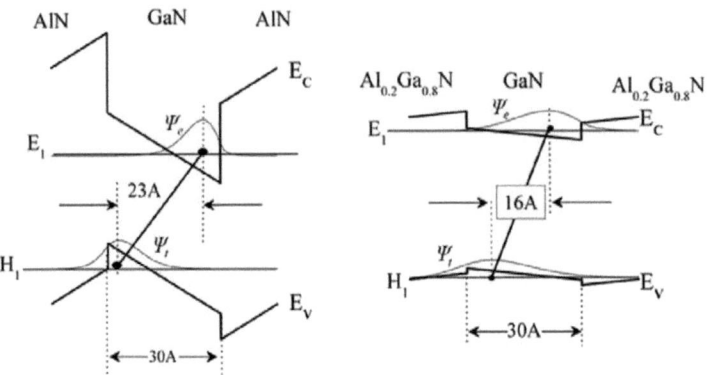

FIGURE 2.9 – Profil de potentiel d'un puits quantique GaN/Al$_{0.2}$Ga$_{0.8}$N à droite et GaN/AlN à gauche de 3nm/3nm d'épaisseur.

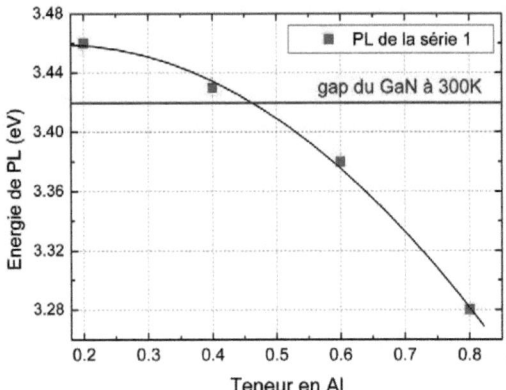

FIGURE 2.10 – Evolution de l'énergie de PL des puits quantiques GaN/Al$_x$Ga$_{1-x}$N de 3nm/3nm en fonction de la teneur d'Al dans les barrières d'après les résultats de mesures obtenus pour la série 1. La courbe en trait plein est un guide pour les yeux.

h_1 sont confinés dans la partie triangulaire du puits quantique, la réduction de la teneur en Al dans les barrières diminue la valeur du champ interne dans le puits, ce qui conduit à un décalage vers le bleu de la transition $e_1 - h_1$.

2.3 Etude expérimentale

Dans le cas de la série 1 (voir figure 2.10), l'énergie de la transition $e_1 - h_1$ est influencé plus par le deuxième effet que le premier.

Spectroscopie intersousbande de la série 1

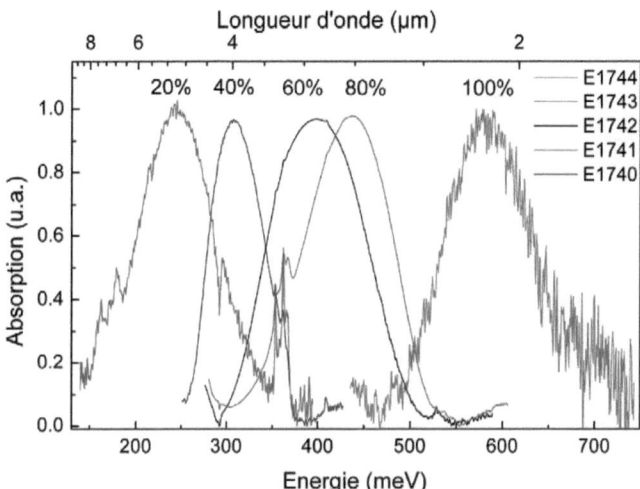

FIGURE 2.11 – Spectres d'absorption intersousbande en polarisation p mesurés pour des super réseaux GaN/AlGaN de 3nm/3nm avec des concentrations d'Al allant de 1 à 0.2 par pas de 0.2. Les mesures ont été réalisées à 300K.

Comme discuté au chapitre 1, le champ électrique doit avoir une composante TM (ou p) pour exciter une transition intersousbande. L'absorption intersousbande des puits quantiques GaN/Al$_x$Ga$_{1-x}$N a été mesurée dans le proche et moyen infrarouge en spectroscopie infrarouge à l'aide de l'interféromètre à transformée de Fourier *Nicolet Nexus 870*.

La figure 2.11 présente les spectres d'absorption intersousbande de la série 1 en polarisation p. Lorsque la teneur en Al dans les barrières diminue de 100% à 20%, l'énergie d'absorption intersousbande se déplace vers le rouge. Ces absorptions visibles uniquement en polarisation p sont attribuées à la transition intersousbande $e_1 - e_2$ dans les puits quantiques. L'énergie de la transition $e_1 - e_2$ et la largeur totale à mi-hauteur pour chaque échantillon sont résumées dans le tableau 2.3.

Echantillon	Teneur en Aluminium	$e_1 - e_2$ meV (μm)	FWHM meV
E1744	1	580 (2.13)	105
E1743	0.8	433 (2.86)	104
E1742	0.6	390 (3.18)	118
E1741	0.4	317 (3.9)	106
E1740	0.2	240 (5.16)	90

TABLE 2.3 – **Energies des pics d'absorption intersousbande $e_1 - e_2$ de la série 1. FWHM est la largeur totale à mi-hauteur correspondantes.**

La figure 2.12 présente l'évolution de l'énergie intersousbande $e_1 - e_2$ en fonction de la teneur en Al dans les barrières. Les points rouges représentent les valeurs mesurées et la ligne continue montre les résultats de calcul. Les résultats numériques sont en très bon accord avec les résultats expérimentaux.

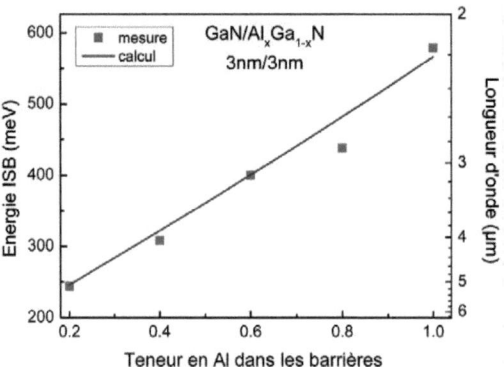

FIGURE 2.12 – **Energie intersousbande $e_1 - e_2$ calculée et mesurée dans le cas des puits quantiques GaN/Al$_x$Ga$_{1-x}$N de 3nm/3nm en fonction de la teneur en Al dans les barrières.**

Contrairement à la dépendance de l'énergie intersousbande en fonction de la concentration d'Al pour un puits sans champ interne (qui ressemble à une fonction *log*), on remarque sur la figure 2.12 une dépendance quasi linéaire. Cela est dû au confinement des deux niveaux e_1 et e_2 dans la partie

2.3 Etude expérimentale

triangulaire du puits quantique. La diminution de la teneur en Al dans les barrières, réduit la valeur du champ interne dans le puits, de façon linéaire, et affecte ainsi les deux niveaux de la même façon.

Elargissement de raie intersousbande

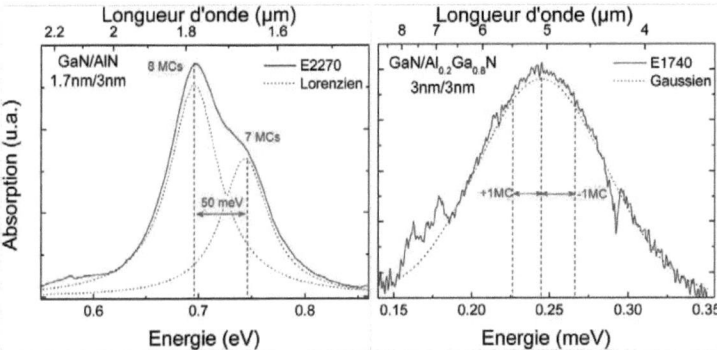

FIGURE 2.13 – A gauche : Absorption intersousbande des puits étroits ajustée par deux fonctions Lorenziennes. A droite : Absorption intersousbande de E1740 ajustée par une fonction Gaussienne. Les traits discontinus représentent l'énergie ISB calculée pour $L_p \pm$ 1MC.

Dans le cas des puits GaN/AlN avec un épaisseur de puits inférieure ou égale à 2 nm, la fluctuation d'une monocouche de l'épaisseur du puits décale la transition intersousbande d'une énergie (≈ 50 meV) supérieure à la largeur spectrale de la transition. Cela se traduit par l'observation de raies d'absorptions intersousbandes distinctes propres à chaque épaisseur de puits quantique et ayant un élargissement homogène de 40 meV (figure 2.13 à gauche).

Dans le cas de de la série 1, l'élargissement des spectres ISB ne peut pas être expliqué seulement par la fluctuation d'une monocouche de l'épaisseur du puits. Par exemple, pour l'échantillon E1740 (figure 2.13 à droite), la fluctuation d'une monocouche sur l'épaisseur du puits décale l'énergie ISB de ≈ 22 meV alors que l'élargissement total est de 90 meV.

L'impact de l'interaction électron-rugosité d'interface, électron-électron, électron-phonon et électron-impureté sur l'élargissement des spectres d'absorption intersousbande a été étudié théoriquement, puis validé expérimentalement sur un simple puits quantiques GaAs/AlAs [Unum 01, Unum 03]. Cette étude révèle que l'interaction électron-rugosité d'interface est le facteur le plus important sur l'élargissement des raies intersousbandes, ce qui est probablement le cas pour la série 1.

2.3.3 Influence de l'épaisseur des puits

Cette section présente les résultats de mesures spectroscopiques obtenus pour les échantillons de la série 2 (voir tableau 2.1). Ces échantillons ont la même teneur en Al dans les barrières $Al_{0.3}Ga_{0.7}N$, mais des épaisseurs de puits différentes 3 nm et 5 nm.

Spectroscopie de photoluminescence de la série 2

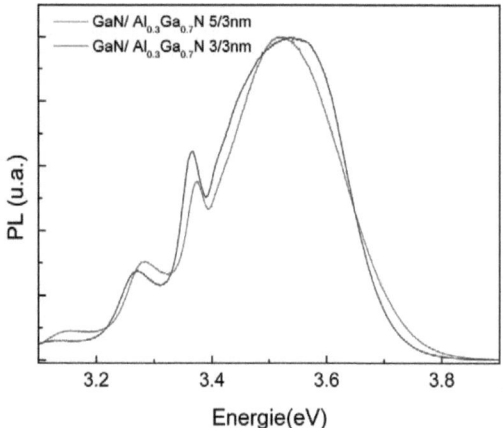

FIGURE 2.14 – **Spectre de photoluminescence de l'échantillon E1816 et E1818 à 300K.**

La figure 2.14 montre les spectres de photoluminescence des échantillons E1816 et E1818 à 300K. Les oscillations à basse énergie sont dues aux interférences Fabry-Perot. Les deux spectres sont presque confondus, bien que les puits aient des épaisseurs différentes : 5 nm et 3 nm.

La figure 2.15 montre le profil de potentiel en bande de conduction et en bande de valence avec les niveaux fondamentaux et le carré des fonctions

2.3 Etude expérimentale

enveloppes de l'état fondamental des deux échantillons. Le décalage du niveau fondamental e_1 (h_1) vers les basses (hautes) énergies en augmentant l'épaisseur du puits est compensé par la baisse de la valeur du champ interne dans le puits ce qui le pousse vers les hautes (basses) énergies.

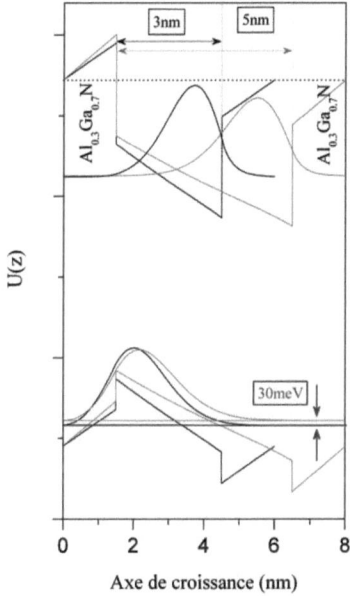

FIGURE 2.15 – **Profil de potentiel en bande de conduction et valence de l'échantillon E1816 (en rouge) et E1818 (en noire) avec les niveaux fondamentaux et le carré des fonctions d'enveloppes correspondantes.**

Spectroscopie intersousbande de la série 2

Les deux échantillons ont été analysés par mesure de transmission directe, mais aucune trace d'absorption polarisée n'a été détectée probablement à cause d'un dopage trop faible des puits quantiques.

Lorsque la concentration de porteurs dans la bande de conduction est insuffisante, les absorptions intersousbandes peuvent être étudiées en utilisant la technique d'absorption photo-induite [Juli 97]. Cette technique consiste à exciter optiquement les électrons à partir de la bande de valence et à mesurer la variation de la transmission sous l'effet du pompage optique interbande.

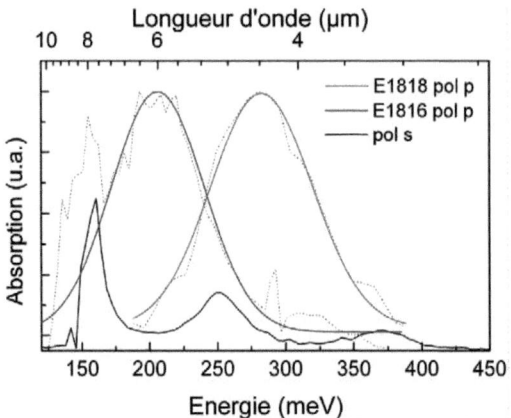

FIGURE 2.16 – Spectres d'absorption photo induite à 300K en configuration zigzag de E1818 et E1816 en polarisation p et s. Les spectres en polarisation p ont été ajustés par une fonction Gaussienne.

La figure 2.16 montre les spectres d'absorption photo-induite des échantillons E1818 et E1816 en polarisation p et s. Pour E1818, une absorption intersousbande est présente en polarisation p à 281 meV (4.4 μm). En polarisation s, on retrouve des résonances Fabry-Perot venant des couches HEMT. Ces oscillations correspondent à une épaisseur de 3 μm. L'échantillon E1816, montre une absorption intersousbande à 203 meV (6.1 μm).

Les résultats obtenus sur la série 1 et 2 montrent que le champ interne dans le puits peut être réduit soit en diminuant que la teneur en Al dans les barrières (série 1), soit en augmentant que l'épaisseur du puits (série 2). Néanmoins la longueur d'onde de la transition $e_1 - e_2$ maximale obtenue est de 6.1 μm. Pour aller au-delà de 6 μm il faut encore réduire la hauteur des barrières toute en augmentant l'épaisseur du puits.

2.3.4 Accordabilité des transitions intersousbandes jusqu'à la bande Reststrahlen

Pour pousser la longueur d'onde de la transition $e_1 - e_2$ au-delà de 6 μm, j'ai utilisé des barrières en $Al_xGa_{1-x}N$ avec $x \leq 0.3$ et des épaisseurs de puits supérieures à 5 nm, en accord avec les simulations présentées dans la section 2.2.4.

Cette section présente les résultats de mesures de la PL et de transmission infrarouge que j'ai obtenus pour la série 3 (voir tableau 2.1).

Spectroscopie de photoluminescence de la série 3

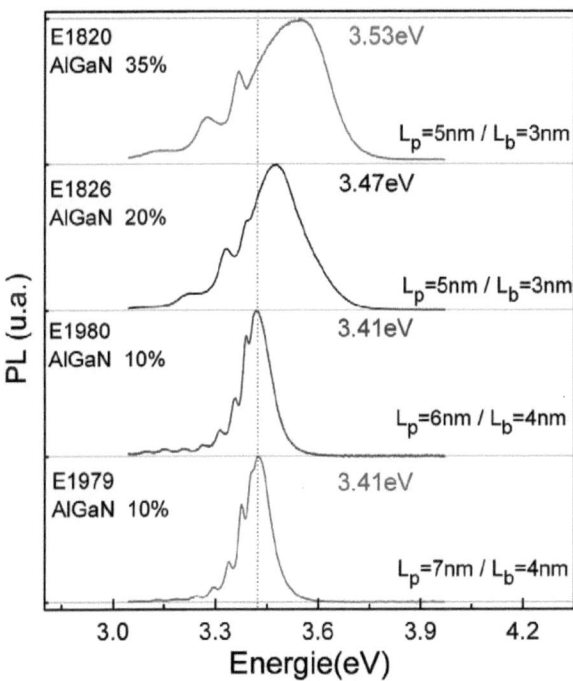

FIGURE 2.17 – Spectres de photoluminescence à $300K$ des échantillons de la série 3.

La figure 2.17 présente les spectres de photoluminescence de la série 3 à 300 K. Pour les échantillons E1820 et E1826 (35% et 20% respectivement), le pic de la transition $e_1 - h_1$ est au-dessus de l'énergie du gap du GaN massif (présent dans le quasi-substrat est représenté par le trait en pointillé sur la figure 2.17). Plus la teneur en Al diminue, plus l'énergie de la transition se décale vers le rouge. Cela pourrait sembler contradictoire avec les résultats de PL obtenus pour la série 1, où nous avons observé un décalage vers le bleu lorsqu'on réduit la teneur en Al (voir figure 2.8). En fait, lorsque l'épaisseur du puits dépasse une épaisseur critique ($L_p^{critique}$), le niveau fondamental e_1 (h_1) est plus influencé par la réduction de la discontinuité de potentiel en bande de conduction (valence) (décalage vers le rouge), que par la diminution du champ interne dans le puits (décalage vers le bleu). La variation de la valeur du champ interne dans le puits était négligeable par rapport à la variation de la discontinuité de potentiel.

Spectroscopie intersousbande de la série 3

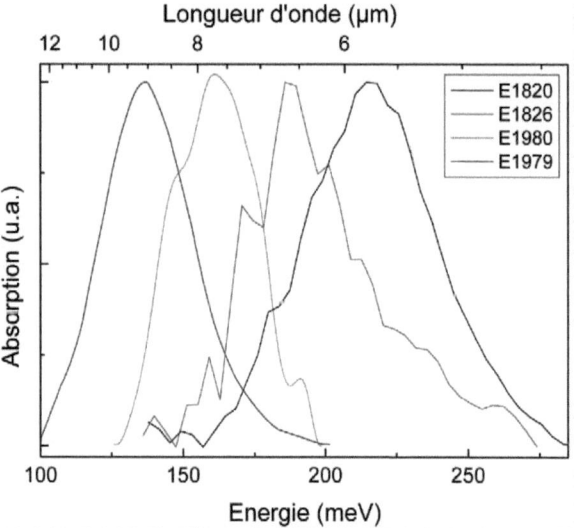

FIGURE 2.18 – Spectres d'absorption intersousbande dans la gamme spectrale $4 - 12\mu m$ en polarisation p de la série 3.

La figure 2.18 montre les spectres d'absorption en polarisation p des échantillons de la série 3. Ces absorptions sont attribuées à la transition

2.3 Etude expérimentale

intersousbande $e_1 - e_2$. Cette dernière peut être accordée dans la gamme spectrale 4 - 12 μm en utilisant des barrières en AlGaN avec des concentrations d'Al allant de 35% à 10% et des épaisseurs des puits allant de 5 à 7 nm.

La valeur de l'énergie intersousbande mesurée ainsi que la valeur de la largeur totale à mi-hauteur sont résumées dans le tableau 2.4. La largeur totale à mi-hauteur des spectres décroît avec l'énergie. Mais le facteur de l'élargissement $\Delta\lambda/\lambda$ reste constant, il est compris entre 25% et 27%. Il est trois fois plus grand que dans les puits quantiques GaN/AlN dans le proche infrarouge ($\approx 7 - 10\%$).

Echantillon	E1820	E1826	E1980	E1979
$e_1 - e_2$ (meV)	215	188	160	136
FWHM (meV)	52	45	38	37

TABLE 2.4 – **Energie de la transition intersousbande $e_1 - e_2$ ainsi que la largeur totale à mi-hauteur de la série 3.**

La valeur de la transition ISB mesurée semble plus élevée comparé aux simulations présentées sur la figure 2.5. En effet, ces calculs ont été effectués sans tenir en compte de l'effet du dopage, cela tend à sous-estimer l'énergie de la transition intersousbande $e_1 - e_2$ surtout à plus basse énergie. Le décalage vers le bleu des valeurs expérimentales est dû essentiellement aux effets à N corps.

Dans la section suivante nous allons étudier les effets majeurs du dopage sur les transitions interbandes et intersousbandes afin de comprendre son effet sur le confinement électronique dans les puits quantiques GaN/AlGaN.

2.3.5 Effet de la concentration de porteurs

Spectroscopie de photoluminescence de la série 4

Pour comprendre les effets dus à la concentration de porteurs, nous avons étudié une série de super réseaux GaN/Al$_{0.2}$Ga$_{0.8}$N d'épaisseur 3nm/3nm avec un dopage nominal dans les puits de 1×10^{19}cm^{-3}, 5×10^{19}cm^{-3}, 1×10^{20}cm^{-3}, et 5×10^{20}cm^{-3} (voir série 4 tableau 2.1). En supposant que les impuretés dopantes soient toutes ionisées, la concentration surfacique en électrons est n$_{2D}$= 3×10^{12}cm^{-2}, 1.5×10^{13}cm^{-2}, 3×10^{13}cm^{-2}, 1.5×10^{14}cm^{-2}.

La figure 2.19 présente les spectres de photoluminescence à 300 K des échantillons de la série 4. Le tableau 2.5 résume la valeur de l'énergie de la photoluminescence ainsi que celle de la largeur totale à mi-hauteur.

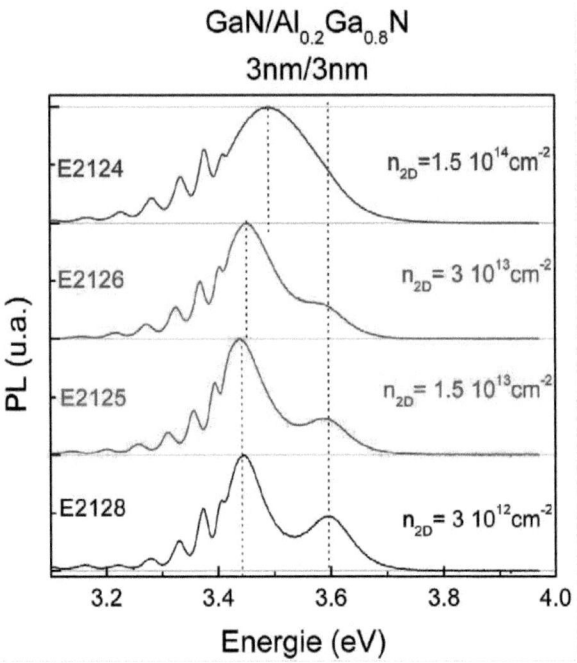

FIGURE 2.19 – **Photoluminescence à $300K$ des puits quantiques GaN/Al$_{0.2}$Ga$_{0.8}$N de 3nm/3nm (voir série 4 tableau 2.1).**

Echantillon	E2128	E2125	E2126	E2124
Dopage n_{2D} cm^{-2}	3×10^{12}	1.5×10^{13}	3×10^{13}	1.5×10^{14}
Photoluminescence (eV)	3.44	3.44	3.449	3.49
FWHM (meV)	85	96	109	176

TABLE 2.5 – **Energie de la photoluminescence de la série 4, FWHM est la largeur totale à mi-hauteur.**

Lorsque la densité électronique augmente dans les puits, l'énergie de la PL se décale progressivement vers le bleu. Les deux échantillons moins dopés

2.3 Etude expérimentale

E2128 et E2125 ont la même énergie de PL. En revanche celle des échantillons les plus dopés E2126 et E2124 présente un décalage de 10 meV et 50 meV vers le bleu par rapport à la PL de E2128 et E2125. Le décalage vers le bleu de l'énergie de la PL avec le dopage est dû essentiellement à l'écrantage du champ interne par les porteurs. La largeur totale à mi-hauteur augmente aussi avec le dopage. En effet, lorsque la densité des électrons augmente dans les puits quantiques, le niveau de Fermi se décale vers les hautes énergies, dans ce cas les transitions de bord de bande (à une énergie légèrement supérieure) entre en jeu.

Le pic à 3.6 eV correspond à la photoluminescence de la couche d'$Al_{0.1}Ga_{0.9}N$ située à la surface. Ce pic s'éteint progressivement avec l'augmentation du dopage, il est masqué par la luminescence des puits quantiques.

Dans l'hypothèse où l'écrantage du champ est le principal mécanisme responsable du décalage de l'énergie de la PL, l'écart entre l'énergie de la PL de E2128 et E2124 de 50 meV correspond à une diminution du champ interne dans les puits de 0.2 MV/cm. Cette valeur correspond à 20% du champ interne dans le puits.

L'écrantage du champ interne peut aussi être induit par les porteurs photo générés sous excitation intense [Bige 00]. J'ai effectué des mesures de photoluminescence en fonction de l'intensité de pompage pour l'échantillon le moins dopé E2128 et le plus dopé E2124 (voir figure 2.20). Dans le cas de l'échantillon E2128 (figure 2.20 à gauche) l'énergie de la PL se décale de 36.7 meV vers le bleu en augmentant la densité d'excitation de 39 à 400 mW/cm^2. Cette quantité correspond à une diminution du champ interne de 0.12 MV/cm (12% de la valeur du champ totale dans le puits). Dans le cas de l'échantillon E2124 le spectre de photoluminescence reste inchangé à 3.49 eV. Ceci indique que le champ est déjà écranté à cause du niveau de dopage très élevé.

Spectroscopie intersousbande de la série 4

Les mesures infrarouges ont été réalisées à $300K$ et en configuration multi-passage pour tous les échantillons. La figure 2.21 montre les spectres de transmission intersousbande en polarisation p et s de la série 4.

La transition intersousbande $e_1 - e_2$ se décale vers le bleu avec un accroissement de la largeur totale à mi-hauteur en augmentant le dopage, ces valeurs sont résumées dans le tableau 2.6. La transition ISB $e_1 - e_2$ se décale

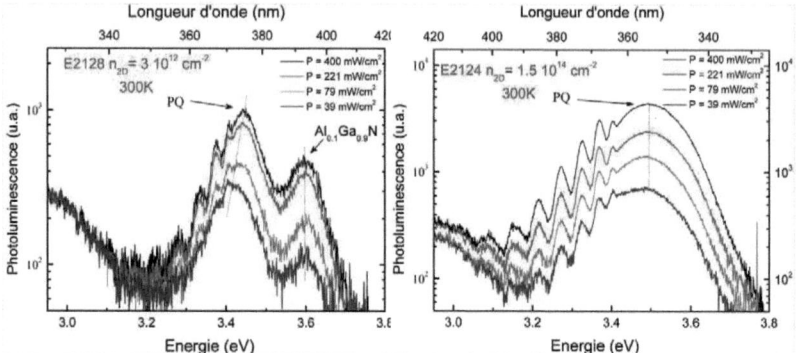

FIGURE 2.20 – Spectres de photoluminescence à $300K$ en fonction de la puissance injectée de l'échantillon dopé à $1.10^{19}cm^{-3}$ (à gauche) et celui dopé à $5.10^{20}cm^{-3}$ (à droite) pour une densité d'excitation croissante de 39 à 400 mW/cm².

de 60 meV vers le bleu en augmentant le dopage surfacique de 3×10^{12}cm^{-2} à 3×10^{13}cm^{-2}. Pour l'échantillon E2124 dopé à $n_{2D} = 1.5 \times 10^{14}$cm^{-2} le décalage atteint 226meV. Cet effet est dû essentiellement aux effets à N corps, et notamment à l'écrantage par les plasmons (depolarization shift) [Guo 09]. En plus, à ces niveaux de dopage (1.5×10^{14}cm^{-2}) toutes les sousbandes deviennent remplies et on sonde à la fois la contribution de toutes les transitions intersousbandes $e_1 - e_2$, $e_1 - e_3$ et $e_2 - e_3$.

Les effets à N corps modifient fortement l'énergie de la transition ISB dans le cas des puits quantiques fortement dopés. Il faut donc en tenir compte dans les calculs. Dans la suite je présente un bref aperçu des différents effets existants.

Echantillon	E2128	E2125	E2126	E2124
Dopage (cm^{-2})	3×10^{12}	1.5×10^{13}	3×10^{13}	1.5×10^{14}
$e_1 - e_2$ (meV)	214	250	269	440
FWHM (meV)	48	104	116	205

TABLE 2.6 – Energie intersousbande $e_1 - e_2$ mesurée de la série 4 ainsi que la valeur de la largeur totale à mi-hauteur.

L'écrantage par les plasmons : Lorsque la densité de porteurs dans

2.3 Etude expérimentale

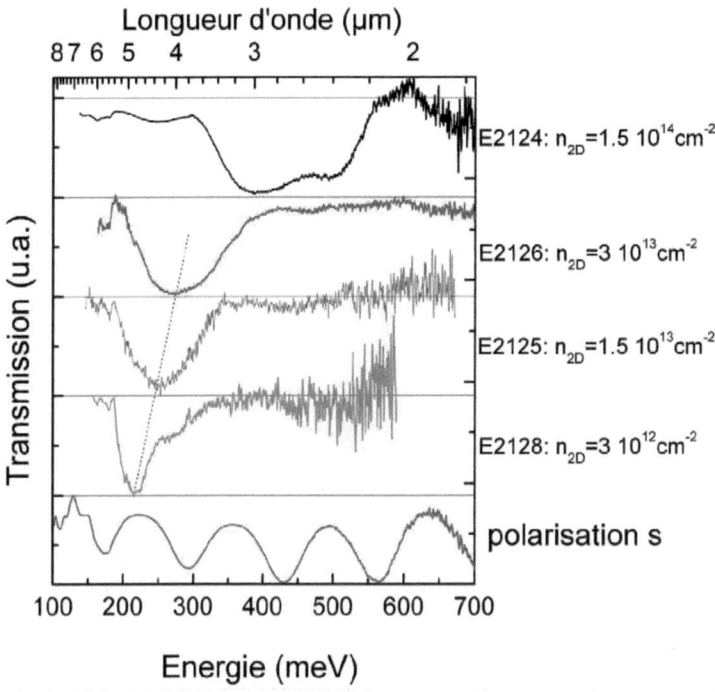

FIGURE 2.21 – **Spectres de transmission intersousbande de la série 4 en polarisation p et s.**

un puits quantique est importante, l'absorption intersousbande ne peut plus être considérée comme une transition à une particule. L'onde électromagnétique induit une excitation collective du plasma d'électrons de la sousbande fondamentale. Cette oscillation collective des porteurs induit un décalage vers le bleu de l'énergie de la transition par rapport à la valeur trouvée dans le modèle à une particule [Alle 93]. Cet effet est appelé l'écrantage par les plasmons (*depolarization shift*).

La modification de l'énergie de la transition dans le modèle à deux niveaux est décrite par la formule [Alle 93] :

$$E_{12}^{depol} = E_{12}\sqrt{1+\alpha} \qquad (2.8)$$

où α est donné par

$$\alpha = \frac{2e^2 n^s}{\epsilon_0 \epsilon_r E_{12}} \int_{-\infty}^{\infty} dz \left(\int_{-\infty}^{z} dz' \Psi_1(z') \Psi_2(z') \right)^2. \quad (2.9)$$

avec E_{12} est l'énergie de transition intersousbande.

La valeur de la correction α augmente linéairement avec la densité surfacique de porteurs n^s.

L'interaction excitonique : La signification physique de ce terme est l'interaction Coulombienne entre un électron excité et le quasi-trou qu'il laisse dans la sousbande fondamentale. Il en résulte un décalage vers les basses énergies de la transition intersousbande, qui devient

$$E_{12}^{excit} = E_{12}\sqrt{1-\beta} \quad (2.10)$$

Le décalage excitonique est défini par [Blos 89] :

$$\beta = -\frac{2n^s}{E_{12}} \int_{-\infty}^{\infty} dz \, |\Psi_1(z)|^2 \, |\Psi_2(z)|^2 \, \frac{\partial V_{xc}[n(z)]}{\partial n(z)}. \quad (2.11)$$

avec V_{xc} est le potentiel d'échange-corrélation introduit par *Kohn* et *Sham* [Kohn 65].

La correction totale due à la nature collective de l'excitation est donnée par :

$$E_{12}^{collectif} = E_{12}\sqrt{1+\alpha-\beta} \quad (2.12)$$

L'interaction d'échange : Le principe de Pauli se traduit par une répulsion entre les électrons de même spin. Cette interaction a pour effet de baisser l'énergie des sousbandes fortement peuplées (surtout la sousbande fondamentale) et donc d'augmenter l'énergie de la transition intersousbande. Cet effet peut être pris en compte par l'introduction du terme d'échange dans l'équation de Schrödinger. L'Hamiltonien dans ce cas est écrit sous la forme [Guo 09] :

$$H = \mathbf{p}\frac{1}{2m^*(z)}\mathbf{p} + V_{pq}(z) + V_H(z) + V_{xc}(z). \quad (2.13)$$

où m* est la masse effective de l'électron, **p** est l'opérateur du moment, V_{pq} est le potentiel de confinement dans le puits quantique, V_H est le potentiel d'Hartree, et V_{xc} est le potentiel d'échange. Sa valeur est donnée par [Gunn 76] :

$$V_{xc}(z) = \frac{e^2}{4\pi^2 \epsilon a_B r_s(z)} \left(\frac{9}{4}\pi\right)^{1/3} \times \left\{ 1 + 0.0545 r_s(z) ln\left[1 + \frac{11.4}{r_s(z)}\right] \right\} \quad (2.14)$$

2.3 Etude expérimentale

où $a_B = \epsilon \hbar^2/e^2 m^*(z)$ est le rayon de Bohr effectif, et $r_s = \{(3/4\pi)[a_B^3 \rho_e(z)]^{-1}\}^{1/3}$

Somme de toutes les corrections

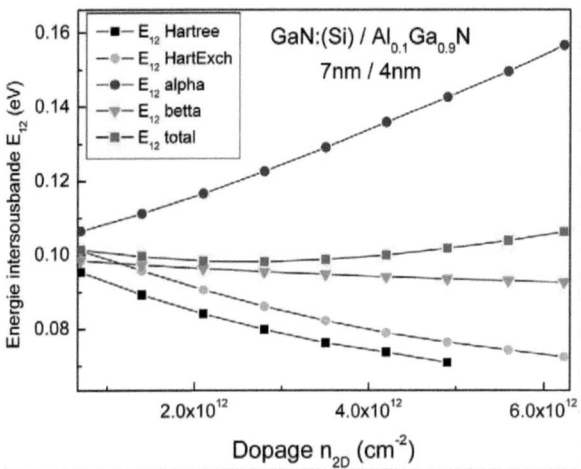

FIGURE 2.22 – Energie intersousbande E_{12} en fonction de la concentration surfacique de porteurs calculée à 300K. Courbe avec des carrés noirs : l'effet d'écrantage du champ par des porteurs (solution des équations de Schrödinger et Poisson), courbe avec des points gris : correction due à l'interaction d'échange, courbe avec des triangles verts : décalage excitonique, courbe avec des points bleus : écrantage par les plasmons, courbe carrés rouges : somme de toutes les contributions.

Les différentes corrections décrites ci-dessus ont été calculées séparément. La figure 2.22 montre l'énergie de la transition intersousbande E_{12} calculée en fonction de la densité surfacique de porteurs dans le puits en tenant compte de chaque correction séparément et de toutes les corrections ensemble.

Le calcul est exécuté à T= 300 K et pour un puits de largeur 7 nm et des barrières en $Al_{0.1}Ga_{0.9}N$ de 4nm, le puits est dopé avec une concentration qui varie entre 0 et 7×10^{12} cm^{-2}. L'énergie E_{12}, obtenue en résolvant les équations de Schrödinger et de Poisson sans introduire de corrections dues aux effets à N corps (présentée avec des carrés noirs), décroît avec le dopage.

Cette tendance est due à l'écrantage du champ interne dans le puits par les porteurs. La correction due à l'interaction d'échange et au décalage excitonique (présentée avec des points gris et triangles verts) réduit E_{12}, mais cet effet est compensé par l'écrantage par les plasmons (points bleus) qui est la correction la plus forte. Cette correction décale la transition E_{12} de 50 meV pour une concentration de porteurs varie de 0 à 7×10^{12} cm^{-2}. Le résultat de tous les effets à N corps (carrés rouges) montre que l'énergie E_{12} varie peu avec le dopage jusqu'à une concentration de porteurs de 7×10^{12} cm^{-2}. Néanmoins, aux concentrations plus élevées, l'écrantage par les plasmons l'emporte sur les autres effets à n-corps et conduit à une augmentation importante de l'énergie E_{12}.

Les effets à N corps ont un effet majeur sur les transitions intersousbandes à basse énergie, et ils doivent être pris en compte pour la conception des structures.

2.4 Conclusion

J'ai mis en évidence les absorptions intersousbandes dans les puits quantiques GaN/AlGaN dans la gamme spectrale 1 à 12 µm. Les spectres d'absorption intersousbande sont représentés sur la figure 2.23.

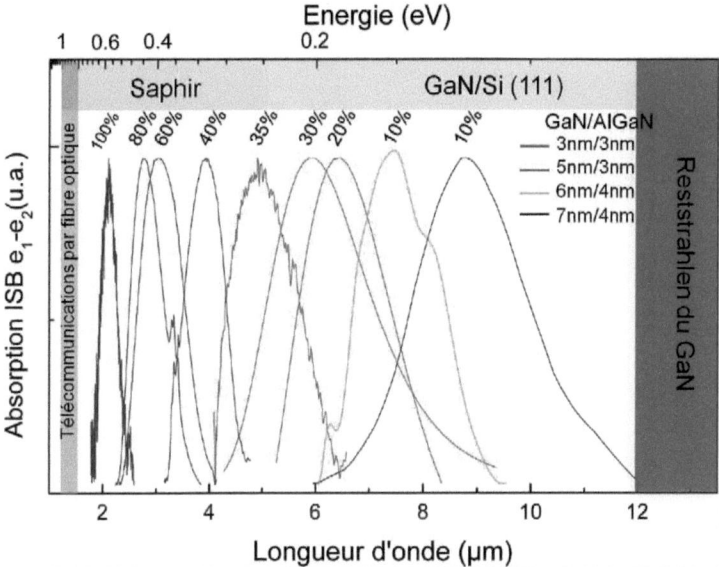

FIGURE 2.23 – Spectres d'absorption intersousbande dans la gamme spectrale $1-14$ µm en polarisation p mesurés pour des super réseaux GaN/AlGaN pour des concentrations d'Al allant de 100% à 10% et des épaisseurs de puits comprises entre 3 et 7 nm. La bande *Reststrahlen* du GaN et la gamme des télécommunications par fibre optique sont représentées.

Pour des puits GaN/AlN d'épaisseurs supérieures à 2 nm, les niveaux d'énergie e_1 et e_2 sont confinés par le champ triangulaire en V. La valeur du champ interne peut atteindre 10 MV/cm dans le puits. La réduction de l'énergie de transition intersousbande $e_1 - e_2$ nécessite désormais la réduction de la valeur du champ interne dans le puits, soit en diminuant la teneur en Al, soit en augmentant l'épaisseur du puits et réduisant celle de la barrière. Pour pousser l'énergie des transitions intersousbandes au delà de 6µm, il faut que la valeur du champ interne dans le puits soit inférieure à 1 MV/cm. Pour cela, le jeu de paramètres optimal est obtenu pour des barrières en $Al_xGa_{1-x}N$ avec $x \leq 0.3$, et des épaisseurs de puits comprises entre 5 et 10 nm.

Le facteur de l'élargissement intersousbande $\Delta\lambda/\lambda$ des puits GaN/AlGaN est autour de 25% dans le moyen infrarouge. Il est trois fois plus grand que celui des puits quantiques GaN/AlN dans le proche infrarouge ($\approx 7-10\%$).

A fort dopage, les interactions à N corps décale la transition e_1-e_2 vers le bleu. Le décalage est plus important lorsque l'énergie de la transition e_1-e_2 est faible.

Chapitre 3

Transitions intersousbandes des puits quantiques GaN/AlN semipolaires

3.1 Introduction

La structure la plus stable des nitrures est la structure wurtzite. Elle est caractérisée par la présence d'une polarisation spontanée et piézoélectrique le long de l'axe c. Pour les hétérostructures de nitrures épitaxiées selon l'axe c, la discontinuité de polarisation entre le GaN et l'AlN résulte en un champ électrique très élevé dans les couches [Bern 98]. Dans le cas des transitions interbandes, celui-ci baisse l'efficacité des recombinaisons radiatives et décale les raies d'émission vers le rouge. Pour les transitions intersousbandes, le champ interne confine les porteurs dans les puits quantiques larges et limite la longueur d'onde des transitions ISB dans le moyen infrarouge.

L'effet de la polarisation pourrait être éliminé par la croissance des couches sur des surfaces non-polaires plan-a ($11\bar{2}0$) ou plan-m ($10\bar{1}0$). La figure 3.1 montre la phase hexagonale du GaN ainsi que les plans non-polaires a et m.

Malheureusement, la croissance du GaN sur ces surfaces non-polaires est rendue difficile à cause de l'anisotropie des propriétés de ces surfaces. Cela conduit à des couches contenant de très fortes densités de défauts cristallins. Une approche alternative consiste à réaliser la croissance selon les plans semipolaires. La figure 3.2 montre un exemple de trois plans semipolaires ($10\bar{1}1$),

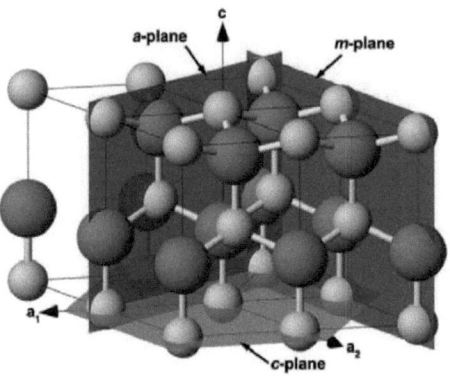

FIGURE 3.1 – **Structure cristalline du GaN en phase hexagonale.** Les sphères grises (bleues) représentent les atomes de Gallium (Azote). Les plans non-polaires a $(11\bar{2}0)$ et m $(10\bar{1}0)$ sont représentés.

$(10\bar{1}3)$ et $(11\bar{2}2)$.

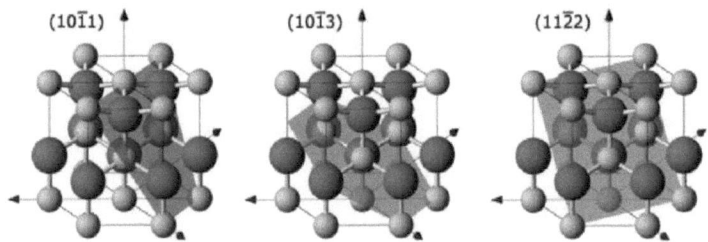

FIGURE 3.2 – **Exemple de trois plans semipolaires du GaN.**

La projection de la polarisation orientée selon l'axe c sur des axes semipolaires n'est pas nulle comme dans le cas des plans a et m. Néanmoins, la discontinuité de polarisation est fortement réduite comparée au cas de la croissance suivant l'axe c. Elle peut même s'annuler suivant le signe de la contrainte [Laho 08a]. Ceci présente un grand intérêt pour la réalisation des DELs de haute performance [Guhn 08, Sato 08, Funa 06, Chak, Kami 05].

Choix du plan $(11\bar{2}2)$

3.1 Introduction

En général, la croissance du GaN semipolaire (ou AlN) sur le substrat saphir (désaccord de maille avec le GaN 14%) donne un polycristal avec différentes orientations cristallographiques. Si une seule orientation est assez stable, il est possible de trouver des conditions de croissance pour obtenir un monocristal, avec une seule orientation cristallographique, ce qui est le cas du plan $(11\bar{2}2)$ lors de la croissance du GaN (ou AlN) semipolaire.

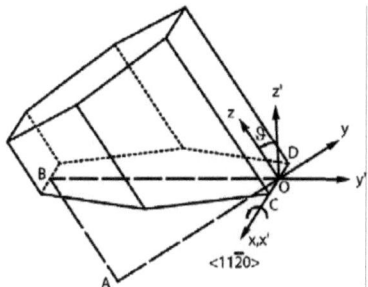

FIGURE 3.3 – **Changement de base des coordonnées de** (x,y,z) **à** $(x^{'},y^{'},z^{'})$.

Pour comprendre l'inclinaison du plan semipolaire $(11\bar{2}2)$ par rapport au plan polaire (0001), nous associons deux bases de coordonnées (x,y,z) et $(x^{'},y^{'},z^{'})$ aux plans polaires et semipolaires respectivement (voir figure 3.3). Les axes x et y sont dans le plan (0001), quant à l'axe z, il est parallèle à l'axe $[0001]$ qui est l'axe de croissance des couches polaires. Les axes $x^{'}$ et $y^{'}$ sont dans le plan $(11\bar{2}2)$ et l'axe $z^{'}$ représente l'axe de croissance des couches semipolaires. L'angle entre les axes z et $z^{'}$ vaut $\theta = 58°$ avec $x^{'} \parallel x$ [Roma 06].

Ce chapitre présente une étude des propriétés optiques interbandes et intersousbandes des puits quantiques semipolaires $(11\bar{2}2)$ élaborés par épitaxie par jets moléculaires assistée par plasma d'azote. Dans ce type de structure la transition interbande $e_1 - h_1$ est fortement décalée vers le bleu par rapport aux puits polaires (0001), quant à la transition intersousbande $e_1 - e_2$ est décalée vers le rouge. Cela est dû à la réduction du champ électrique interne dans les puits. Ceci permet d'accorder la longueur d'onde des transitions ISB dans le moyen infrarouge en changeant uniquement l'épaisseur des puits.

Dans ce chapitre je commence par présenter une étude théorique du confinement électronique dans les puits semipolaires. Je donne ensuite un aperçu rapide sur la technique de fabrication des puits quantiques semipolaires avec une description de la structure des échantillons étudiés. La dernière section est consacrée aux mesures de photoluminescence et d'absorption intersousbande.

3.2 Simulation du confinement électronique

Nous avons vu dans le chapitre 2 que dans un puits quantique GaN/AlN polaire le champ électrique est réparti dans le puits et la barrière selon les formules suivantes :

$$F_{GaN} = -\frac{\Delta P}{\epsilon_0 \epsilon_r} \left(\frac{L_{AlN}}{L_{AlN} + L_{GaN}} \right) \text{ et } F_{AlN} = \frac{\Delta P}{\epsilon_0 \epsilon_r} \left(\frac{L_{GaN}}{L_{AlN} + L_{GaN}} \right) \quad (3.1)$$

La discontinuité de polarisation ΔP à l'interface GaN/AlN dans le cas des puits semipolaires est la somme de la projection de la polarisation spontanée sur l'axe semipolaire z' (voir figure 3.3), et de la composante piézoélectrique (selon z') :

$$\Delta P = \Delta P_{z'} = (P_{GaN}^{sp} - P_{AlN}^{sp})\cos\theta + P_{z'}^{pz} \quad (3.2)$$

θ est l'angle entre les axes z et z'. P_{GaN}^{sp} et P_{AlN}^{sp} sont les composantes de la polarisation spontanée du GaN et AlN selon l'axe polaire c. $P_{z'}^{pz}$ est la composante de la polarisation piézoélectrique selon l'axe semipolaire z'.

Grâce aux règles de symétrie intrinsèques à la maille wurtzite, les éléments non-nuls du tenseur de contrainte dans la base (x,y,z) sont :

$$\epsilon_{xx} = \epsilon_{yy} = \frac{a_s - a}{a_s}$$

$$\epsilon_{zz} = -\frac{2c_{13}}{c_{33}} \times \epsilon_{xx} \quad (3.3)$$

où a_s est le paramètre de maille dans le plan du substrat, a est celui du matériau de la couche épitaxiée à l'équilibre et c_{13}, c_{33} les coefficients élastiques exprimés en GPa. Dans le cas semipolaire, la distribution des coefficients élastiques est anisotrope dans le plan. En général, le désaccord de maille selon les axes x' et y' (ϵ_{m1} et ϵ_{m2} respectivement) est différent. Romanov et al. [Roma 06] ont calculé les éléments du tenseur de contrainte dans la base (x', y', z') illustrés sur la figure 3.3 :

$$\epsilon_{x'x'} = \epsilon_{m1}$$

$$\epsilon_{y'y'} = \epsilon_{m2}$$

$$\epsilon_{z'z'} = \frac{(B_{41}\epsilon_{m1} + B_{42}\epsilon_{m2})A_{32} - (B_{31}\epsilon_{m1} + B_{32}\epsilon_{m2})A_{42}}{A_{31}A_{42} - A_{32}A_{41}}$$

$$\epsilon_{y'z'} = \frac{(B_{31}\epsilon_{m1} + B_{32}\epsilon_{m2})A_{41} - (B_{41}\epsilon_{m1} + B_{42}\epsilon_{m2})A_{32}}{A_{31}A_{42} - A_{32}A_{41}}$$

avec :

$$A_{31} = C_{11}sin^4\theta + (\frac{1}{2}C_{13} + C_{44})sin^2(2\theta) + C_{33}cos^4\theta$$
$$A_{32} = (C_{11}sin^2\theta + (C_{13} + 2C_{44})cos(2\theta) - C_{33}cos^2\theta)sin(2\theta)$$
$$A_{41} = \frac{1}{2}((C_{11} - C_{13})sin^2\theta + 2C_{44})cos(2\theta) + (C_{13} - C_{33})cos^2\theta)sin(2\theta)$$
$$A_{42} = (\frac{C_{11} + C_{33}}{2} - C_{13})sin^2(2\theta) + 2C_{44}cos^2(2\theta)$$
$$B_{31} = C_{12}sin^2\theta + C_{13}cos^2\theta$$
$$B_{32} = C_{13}(sin^4\theta + cos^4\theta) + (\frac{C_{11} + C_{33}}{4} - C_{44})sin^2(2\theta)$$
$$B_{41} = \frac{C_{12} - C_{13}}{2}sin(2\theta)$$
$$B_{42} = \frac{1}{2}(C_{11}cos^2\theta - (C_{13} + 2C_{44})cos(2\theta) - C_{33}sin^2\theta)sin(2\theta)$$

Le tableau 3.1 résume les valeurs de A_{ij} et B_{ij} calculés pour le GaN ($11\bar{2}2$) et l'AlN ($11\bar{2}2$), où nous déduisons les valeurs de $\epsilon_{i'j'}$.

Finalement, les éléments du tenseur de contrainte dans le cas semipolaire sont donnés par :

$$\epsilon_{xx} = \epsilon_{x'x'}$$
$$\epsilon_{yy} = \epsilon_{y'y'} \times cos^2\theta + \epsilon_{z'z'} \times sin^2\theta + \epsilon_{y'z'} \times sin2\theta$$
$$\epsilon_{zz} = \epsilon_{y'y'} \times sin^2\theta + \epsilon_{z'z'} \times cos^2\theta - \epsilon_{y'z'} \times sin2\theta$$
$$\epsilon_{yz} = \epsilon_{y'y'} \times cos^2\theta + \epsilon_{z'z'} \times sin^2\theta + \epsilon_{y'z'} \times sin2\theta$$

Le tableau 3.2, résume les valeurs de ϵ_{ij} calculées pour AlN($11\bar{2}2$) et GaN($11\bar{2}2$) épitaxiés sur saphir, et pour GaN($11\bar{2}2$) épitaxié sur AlN($11\bar{2}2$).

Pour les simulations de la structure de bande j'ai utilisé le logiciel Nextnano[3]. L'avantage de ce logiciel, est qu'il peut résoudre l'équation de Schrödinger non seulement selon l'axe c, mais aussi selon les axes semipolaires et non-polaires tout en prenant en compte les polarisations spontanée et piézoélectrique selon l'axe de croissance. J'ai utilisé les coefficients élastiques cités ci-dessus, pour le calcul du confinement électronique dans les puits quantiques semipolaires.

La figure 3.4 présente le profil de potentiel en bande de conduction d'un puits quantique GaN/AlN ($3nm/3nm$) polaire et semipolaire. Le calcul est effectué dans les cas où le puits quantique est contraint sur GaN ou sur AlN.

3.2 Simulation du confinement électronique

Paramètres (GPa)	AlN(11$\bar{2}$2)	GaN(11$\bar{2}$2)
A_{31}	371	340
A_{32}	27.9	20.5
A_{41}	13.9	10.2
A_{42}	268	264
B_{31}	129	126
B_{32}	126	140
B_{41}	13	14.3
B_{42}	-3.6	-27.2

TABLE 3.1 – **Les valeurs de A_{ij} et B_{ij} pour l'AlN(11$\bar{2}$2) et le GaN(11$\bar{2}$2)** d'après [Roma 06].

Template	Saphir(1$\bar{1}$00)		AlN(11$\bar{2}$2)
Couches	AlN(11$\bar{2}$2)	GaN(11$\bar{2}$2)	GaN(11$\bar{2}$2)
ϵ_{xx}	-0.116	-0.137	0.024
ϵ_{yy}	0.168	0.606	0.035
ϵ_{zz}	-0.063	-0.54	-0.0002
ϵ_{yz}	-0.115	-0.327	-0.688

TABLE 3.2 – **Les valeurs de A_{ij} et B_{ij} pour l'AlN(11$\bar{2}$2) et le GaN(11$\bar{2}$2)** d'après [Roma 06].

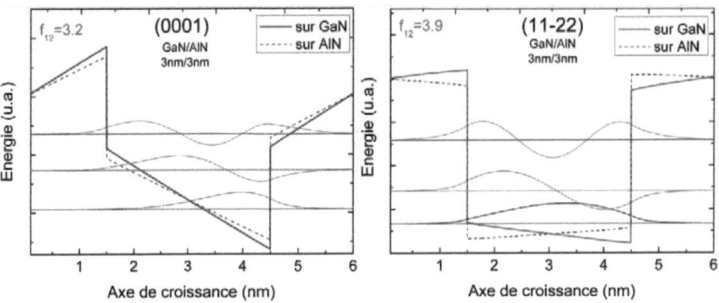

FIGURE 3.4 – **Profil de potentiel en bande de conduction d'un puits quantique GaN/AlN 3nm/3nm polaire (à gauche) et semipolaire (à droite) dans le cas où le puits est contraint sur GaN ou AlN.**

Dans le cas où le puits quantique est contraint sur le GaN, la valeur du champ interne dans le puits semipolaire est égale à 0.8 MV/cm contre 5 MV/cm dans le puits polaire. Dans le cas où le puits est contraint sur AlN, la valeur du champ interne dans le puits semipolaire est égale à -0.4 MV/cm contre 4.5 MV/cm dans le puits polaire. La force d'oscillateur f_{12} de la transition ISB $e_1 - e_2$ est plus grande dans le puits semipolaire grâce au bon recouvrement des fonctions enveloppes ϕ_1 et ϕ_2.

3.3 Description des échantillons

La croissance des hétérostructures semipolaires a été réalisée sur un substrat saphir plan m par l'équipe d'*Eva Monroy* au CEA de Grenoble.

La croissance bidimensionnelle du GaN ($11\bar{2}2$) est réalisée sous des conditions riches en éléments III avec un excès de Ga d'une monocouche. Il a été démontré que dans ces conditions la croissance est stabilisée dynamiquement par la couche de mouillage, ce qui conduit à la formation de couches 2D présentant une très faible rugosité de surface.

La croissance sur le substrat saphir plan m conduit à la formation de domaines parasites semipolaires orientés ($10\bar{1}3$), même dans des conditions optimales de croissance 2D. Une façon de s'affranchir de ces domaines parasites est de déposer le GaN sur une couche épaisse d'AlN orientée ($11\bar{2}2$) [Laho 08b].

La croissance de l'AlN semipolaire ($11\bar{2}2$) est accompagnée par l'existence de phases parasites ($10\bar{1}0$) et ($10\bar{1}3$). Il a été démontré que la suppression de la nitruration du substrat avant la croissance et l'utilisation d'un rapport de flux Al/N adéquat (≈ 0.95) rend possible la limitation de la propagation de domaines parasites [Laho 07].

Pour les puits quantiques GaN/AlN semipolaires ($11\bar{2}2$) la croissance est gouvernée par les mêmes conditions de croissance bidimensionnelle du GaN et AlN semipolaires cités ci-dessus.

Je décris ci-dessous les caractérisations structurales mesurées au *CEA* et au *CIMAP de CAEN*, d'un échantillon étudié dans cette thèse. L'échantillon contient 40 périodes de puits quantiques GaN/AlN ($11\bar{2}2$).

La figure 3.5 montre le diffractogramme $2\theta - \omega$ des puits quantiques GaN/AlN semipolaires autour de la réflexion ($3\bar{3}00$) du saphir. Le pic à $2\theta = 69.02°$ correspond au GaN ($11\bar{2}2$), l'épaulement autour $2\theta = 71.15°$ est attribué à l'AlN ($11\bar{2}2$). Les pics (SL_i) correspondent aux ordres de diffraction dus à la périodicité des multi-puits quantiques. Ces pics sont clairement visibles jusqu'à l'ordre quatre, ce qui démontre la bonne périodicité de la structure. La figure 3.5 montre aussi une image TEM à haute résolution de trois périodes de puits quantiques GaN/AlN d'épaisseur nominale 3nm/5nm. L'axe de croissance est dirigé du bas vers le haut. Elle montre une qualité cristalline remarquable sans inter-diffusion Ga-Al à l'interface puits/barrière.

Pour déterminer l'épaisseur moyenne des couches, l'intensité transmise

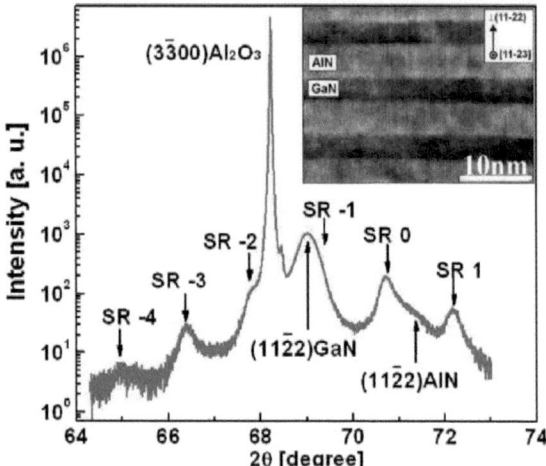

FIGURE 3.5 – Spectre de diffraction des rayons X d'un super réseau GaN/AlN orienté $(11\bar{2}2)$ et d'épaisseur nominale 3/5 nm. L'insert montre une image TEM à haute résolution de trois périodes de puits quantiques. Figure tirée de [Laho 08a].

est intégrée sur quelques nanomètres dans le plan des couches. L'analyse du profil d'intensité selon la direction de croissance donne une épaisseur des barrières égale à 4.7 nm et une épaisseur des puits égale à 3,4 nm. Pour cet échantillon, l'écart par rapport à l'épaisseur nominale est estimée à 13% pour les puits et de 6% pour les barrières. La variation d'épaisseur moyenne des puits d'une période à l'autre est de ±1 ou ±2 monocouches.

Les échantillons étudiés dans ce chapitre sont des puits quantiques multiples de GaN/AlN semipolaires, l'épaisseur des puits varie de 1.2 à 3 nm. Le tableau 3.3 résume les paramètres des échantillons utilisés dans cette étude.

De façon à comparer les effets de polarisation interne, la même structure a été épitaxiée simultanément selon l'axe polaire et semipolaire.

Echantillon	L_p nominale (nm)	L_b nominale (nm)	L_{cap} (nm)	Dopage nominal cm^{-3}
A : E1364	1.2	5	...	5×10^{19}
B : E2270	1.7	3	10	5×10^{19}
C : E2271	2	3	10	5×10^{19}
D : E2273	2.5	3	10	5×10^{19}
E : E2342	3	3	10	5×10^{19}

TABLE 3.3 – Structure des échantillons des multi puits quantiques semipolaires. L_p est l'épaisseur des puits. L_b est l'épaisseur des barrières. L_{cap} est l'épaisseur de la couche de surface en AlN.

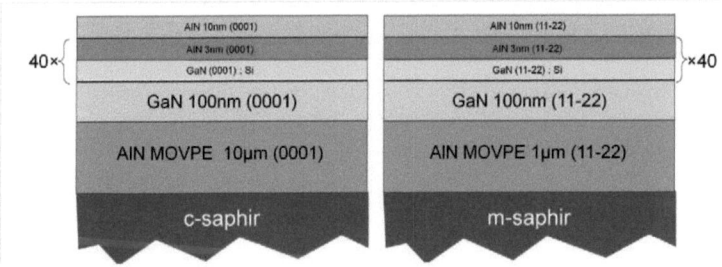

FIGURE 3.6 – Structure des échantillons polaires (à gauche) et semipolaires (à droite).

3.4 Caractérisation optique

3.4.1 Spectroscopie de la photoluminescence

Dans un premier temps, j'ai étudié les échantillons par spectroscopie de photoluminescence. La figure 3.7 montre les spectres de la photoluminescence à 4 K des puits polaires et semipolaires. Lorsque l'épaisseur du puits augmente de 1.2 à 3 nm, le pic de la PL se déplace fortement vers le rouge dans le cas polaire. Tandis que le décalage vers le rouge pour les puits semipolaires est beaucoup moins fort. L'énergie reste toujours supérieure à celle de la photoluminescence du GaN massif. Cela est une démonstration claire de la faible valeur du champ interne dans les puits quantiques semipolaires.

La largeur totale à mi-hauteur varie de 130 meV à 330 meV pour les puits

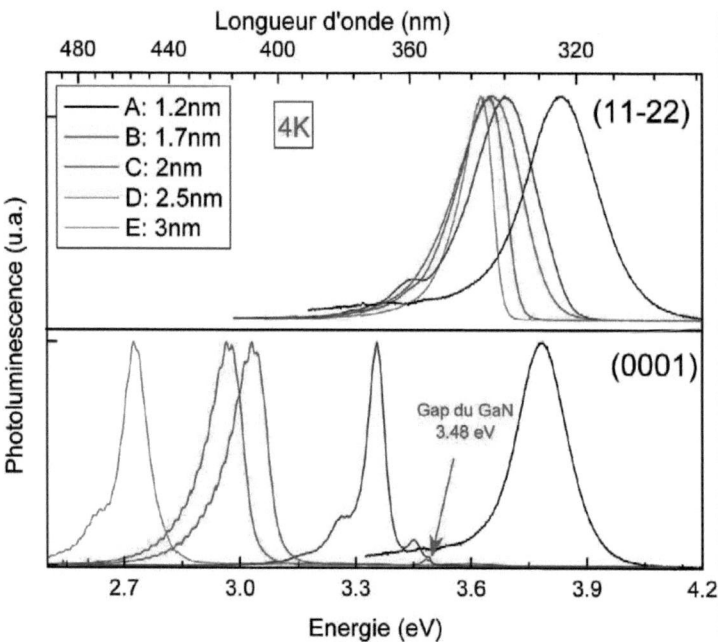

FIGURE 3.7 – Spectres de photoluminescence à 4K des puits quantiques polaires et semipolaires.

semipolaires, elle est inversement proportionnelle à l'épaisseur du puits. En effet, la fluctuation de l'épaisseur du puits d'une période à l'autre affecte plus fortement la position des niveaux fondamentaux e_1 et h_1 dans les puits étroits que dans les puits larges. Pour les puits polaires la largeur totale à mi-hauteur varie de 50 à 100 meV.

La figure 3.8 montre l'évolution de l'énergie de la photoluminescence en fonction de l'épaisseur du puits et de l'état de contrainte. Dans le cas des puits polaires, les points expérimentaux suivent parfaitement la courbe calculée dans le cas où le super réseau est contraint sur GaN.

Dans les deux cas, les super-réseaux sont contraints sur GaN. Dans ce cas $\Delta P/\epsilon_0\epsilon_r$ est égale à 1.6 MV/cm pour les puits semipolaires, et 10 MV/cm pour les puits polaires.

3.4 Caractérisation optique

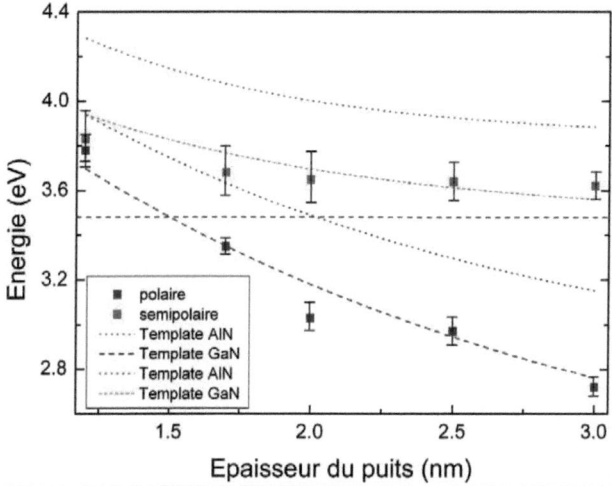

FIGURE 3.8 – **Energie de photoluminescence mesurée pour les puits semipolaires (carrés rouges) et polaires (carrés bleus) en fonction de l'épaisseur du puits.** Les traits discontinus représentent le calcul de l'énergie de PL en fonction de l'état des contraintes. Le trait discontinu (en noir) représente le gap du GaN massif à 4 K. Les barres d'erreurs verticales correspondent à l'élargissement des spectres de PL.

3.4.2 Spectroscopie intersousbande

Les échantillons sont préparés en configuration zigzag par polissage mécanique du substrat saphir et de deux facettes opposées à 45°. Les spectres ont été enregistrés dans les polarisations p et s. La figure 3.9 montre à titre d'exemple deux spectres de transmission en polarisation s correspondant aux puits quantiques polaires (spectre bleu) et semipolaires (spectre rouge). Ces spectres ne montrent pas d'absorption intersousbande comme attendu des règles de sélection. Les oscillations sont dues aux interférences Fabry-Perot dans la couche tampon d'AlN et de GaN. La période des oscillations δE correspond à une épaisseur δh des couches, telle que :

$$\delta h = \frac{cos\theta}{2n\delta E} \qquad (3.4)$$

Transitions intersousbandes des puits quantiques GaN/AlN semipolaires

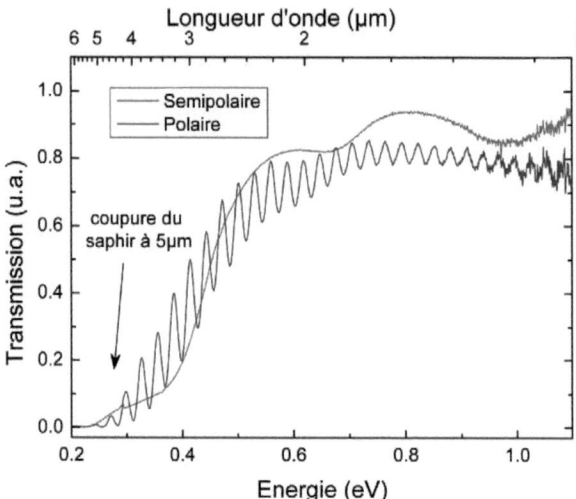

FIGURE 3.9 – Spectres de transmission en polarisation s des puits quantiques polaires (0001) (spectre bleu) et semipolaires (11$\bar{2}$2) (spectre rouge).

où n est la moyenne des indices de réfraction du GaN et AlN, $\theta = 35°$ est l'angle entre la direction de propagation dans les couches et la normale. D'après les spectres de la figure 3.9, $\delta h = 9.7\mu m$ pour les puits polaires, tandis que pour les puits semipolaires $\delta h = 0.9\mu m$. Ces valeurs sont très proches de l'épaisseur nominale de la couche tampon dans le cas polaire ($10\mu m$) et semipolaire ($1\mu m$) respectivement.

La figure 3.10 présente les spectres d'absorption intersousbande en polarisation p des puits quantiques GaN/AlN polaires et semipolaires. Ces absorptions correspondent à la transition intersousbande $e_1 - e_2$. Contrairement aux mesures de photoluminescence, les puits semipolaires présentent un décalage vers le rouge des transitions ISB par rapport aux puits polaires. La structuration des spectres d'absorptions à haute énergie dans le cas des échantillons polaires A, B et C correspond à l'absorption de puits d'épaisseur différente, correspondant à un nombre entier de monocouches.

L'augmentation de l'épaisseur du puits de 1.2 à 3 nm décale l'énergie intersousbande de 1.45 à 2 μm dans le cas polaire alors qu'elle atteint 3.3 μm

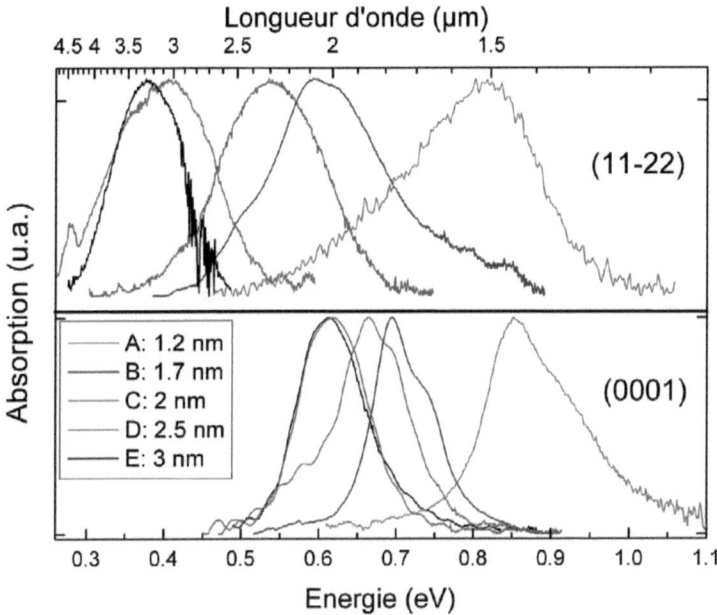

FIGURE 3.10 – Spectres d'absorption intersousbande des puits quantiques polaires et semipolaires. La même couleur est attribuée aux puits de même épaisseur.

dans le cas semipolaire.

La figure 3.11 montre la dépendance de l'énergie intersousbande mesurée et calculée dans les puits polaires et semipolaires en fonction de l'épaisseur des puits. Le calcul est réalisé dans le cas où le super réseau est contraint sur GaN, (d'après les résultats de mesure interbande). La valeur de $\frac{\Delta P}{\epsilon_0 \epsilon_r}$ utilisée dans le cas polaire et semipolaire est de 10 MV/cm et 1.6 MV/cm respectivement. Les barres d'erreurs verticales correspondent à l'élargissement des spectres ISB.

Pour une épaisseur du puits supérieure à 2 nm, l'énergie de la transition intersousbande tend à saturer dans le cas polaire. Cela est dû au confinement des niveaux e_1 et e_2 par le champ interne. Tandis que pour les puits semipolaires, l'énergie continue de baisser jusqu'à 0.38 eV (3.3 μm). Dans ce cas le champ interne a peu d'effet sur le confinement électronique. Par conséquent

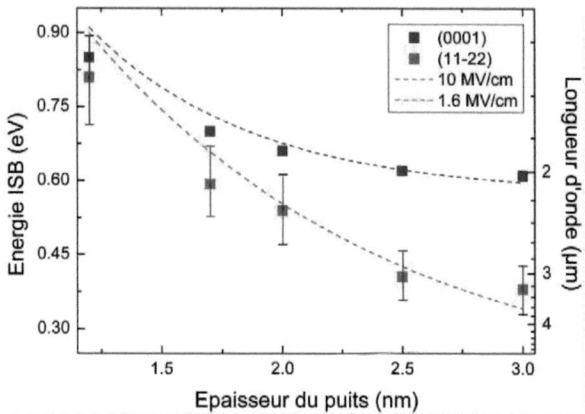

FIGURE 3.11 – Energie de la transition intersousbande calculée et mesurée dans les puits polaires et semipolaires en fonction de l'épaisseur des puits. La discontinuité de polarisation $\Delta P/\epsilon_0\epsilon_r$ est fixée à 1.6 MV/cm dans le cas semipolaire.

la transition ISB $e_1 - e_2$ peut atteindre des longueurs d'onde plus grandes que pour les puits GaN/AlN polaires.

La magnitude d'absorption en % varie de 5.6% à 14% par passage à travers la région active dans le cas des puits polaires. Elle augmente avec l'épaisseur des puits. Cela est dû à l'augmentation de la densité surfacique d'électrons avec l'épaisseur des puits (à dopage volumique constant).

La densité surfacique d'électrons dans les puits quantiques obtenue d'après les mesures de transmission est résumée dans le tableau 3.4 qui cite aussi la valeur de l'énergie de transition intersousbande et la valeur de la largeur totale à mi-hauteur.

La magnitude d'absorption est 2 à 7 fois plus faible dans les puits semipolaires que dans les puits polaires, elle varie de 1.3% à 3.4% par passage, bien que la force d'oscillateur soit plus grande pour les puits semipolaires. Ceci démontre une moindre concentration surfacique en électrons dans le cas semipolaire. Dans les puits polaires, la valeur élevée du champ interne contribue à l'activation des atomes de silicium. On s'attend à ce que cet effet soit plus faible dans les puits semipolaires.

3.4 Caractérisation optique   89

Echantillon		L_p (nm)	$e_1 - e_2$ (eV)	FWHM (meV)	n_{2D} mesurée (cm^{-2})	Absorption (%)
A : E1364	(0001)	1.2	0.85	90	4.7×10^{12}	5.6
	(11$\bar{2}$2)	1.2	0.81	180	1.9×10^{12}	1.7
B : E2270	(0001)	1.7	0.694	100	5.7×10^{12}	6.9
	(11$\bar{2}$2)	1.7	0.593	153	3.1×10^{12}	2.7
C : E2271	(0001)	2	0.662	90	6.7×10^{12}	8
	(11$\bar{2}$2)	2	0.54	156	2.3×10^{12}	2
D : E2273	(0001)	2.5	0.617	100	8.3×10^{12}	10
	(11$\bar{2}$2)	2.5	0.407	160	1.5×10^{12}	1.3
E : E2342	(0001)	3	0.613	105	11.7×10^{12}	14
	(11$\bar{2}$2)	3	0.38	100	3.9×10^{12}	3.4

TABLE 3.4 – **Energie des pics d'absorption ISB e_1-e_2 en (eV). FWHM est la largeur totale à mi-hauteur en (meV). n_{2D} est la densité surfacique des électrons calculée d'après les mesures infrarouges. La dernière colonne désigne la magnitude d'absorption ISB par passage en (%).**

3.4.3 Nature de l'élargissement des spectres intersousbandes

La figure 3.12 montre les spectres d'absorbances des échantillons E2272 semipolaire (à gauche) et E2271 polaire (à droite). Dans le cas polaire, la structuration de la résonance provient de l'absorption de puits ayant une épaisseur de 5 et 6 monocouches, respectivement. Ces structurations sont ajustées par la somme des deux courbes Lorentziennes ayant un élargissement homogène de 50 meV. Dans le cas semipolaire (figure 3.12 à gauche), le profil d'absorption est ajusté par une seule courbe Gaussienne avec une largeur totale à mi-hauteur de 156 meV.

D'après les caractérisations TEM des puits quantiques GaN/AlN polaires, la longueur caractéristique des fluctuations de monocouche dans le plan des couches est supérieure à une vingtaine de nm. Cette valeur est plus grande que la longueur d'onde de *De Broglie* dans le GaN (à 300 K, la longueur de *De Broglie* dans le GaN massif est de $\lambda_b = 20$ nm). Dans ce cas, l'électron est

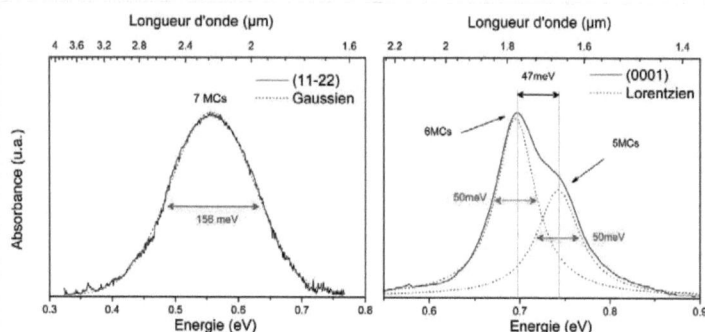

FIGURE 3.12 – Absorbance intersousbande des échantillons E2272 semipolaire (à gauche) et E2271 polaire (à droite) ajustée avec une courbe Gaussienne et une superposition de deux courbes Lorentziennes respectivement. Les absorbances mesurées sont montrées avec des traits pleins, les ajustements avec des courbes en pointillées.

localisé entre les marches de potentiel dans le plan. Les puits étant très fins, l'écart en énergie entre deux résonances ISB correspondant à n monocouches et $n+1$ monocouches est supérieur à la largeur de raie homogène. Le spectre ISB se présente comme une superposition de fonctions Lorentziennes. En résumé, c'est la faible épaisseur des puits et la grande longueur caractéristique des fluctuations qui sont responsables de la structuration des spectres ISB en pics Lorentziens dans le cas des puits polaires (voir figure 3.13 à droite).

L'élargissement ISB pour les puits semipolaires devrait être du même type que pour les puits polaires s'ils sont de même épaisseur. Ce n'est pas le cas d'après les mesures qui montrent un profil Gaussien. Ceci suggère que la longueur caractéristique des fluctuations est beaucoup plus courte dans le cas semipolaire. Dans ce cas l'électron est localisé entre deux marches de monocouches. Du fait de la faible longueur caractéristique il va subir un confinement dans le plan et l'énergie ISB va être celle correspondant à un nombre entier de monocouches diminuée de l'énergie de confinement dans le plan (voir figure 3.13 à gauche). Comme cette dernière varie de façon aléatoire d'une marche de potentiel à une autre (la distance entre marches est distribuée de manière aléatoire), le spectre ISB est une fonction Gaussienne.

Ceci est valable si la longueur caractéristique des fluctuations est de l'ordre de la longueur d'onde de *De Broglie*. Si la longueur caractéristique est plus courte que la longueur d'onde de *de Broglie*, l'électron voit une épaisseur moyennée (sur une longueur de cohérence comparable à la longueur d'onde de *De Broglie*). Dans ce cas l'élargissement ISB est aussi Gaussien.

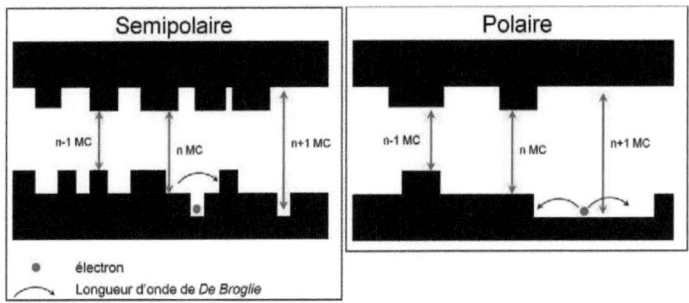

FIGURE 3.13 – **Interface d'un puits quantique GaN/AlN polaire et semipolaire.**

Le cas du GaAs, quoiqu'un peu différent, est similaire. La longueur caractéristique typique en MBE est de 6.5 nm mais l'épaisseur des puits est bien plus élevée que dans le GaN ($L_p \geq 8$ nm pour obtenir deux niveaux confinés en bande de conduction). L'augmentation d'une monocouche de l'épaisseur du puits conduit à une variation de l'énergie ISB négligeable devant kT et la distribution aléatoire de l'énergie de confinement dans le plan font que l'énergie ISB présente un profil gaussien.

3.5 Conclusion

J'ai mis en évidence les absorptions intersousbandes jusqu'à 3.3 μm dans les puits quantiques GaN/AlN orientés selon le plan semipolaire (11$\bar{2}$2). La longueur d'onde d'absorption a été ajustée de 1.55 à 3.3 μm en augmentant uniquement l'épaisseur du puits de 1.2 nm à 3 nm. La transition intersousbande $e_1 - e_2$ à 3.3 μm, n'a jamais été observée dans les puits polaires (0001) avec des barrières en AlN.

Le décalage des transitions intersousbandes vers le rouge dans les puits semipolaires par rapport aux puits polaires, est dû à la réduction du champ interne dans les puits. D'après les calculs, la valeur de $\frac{\Delta P}{\epsilon_0 \epsilon_r}$ est estimée à 1.6 MV/cm, dans le cas où le super réseau est contraint sur GaN, et -0.8 MV/cm lorsqu'il est contraint sur AlN.

Chapitre 4

Transitions intersousbandes des puits quantiques GaN/AlN cubiques

4.1 Introduction

Dans ce chapitre nous allons étudier les transitions intersousbandes dans les puits quantiques GaN/AlN en phase cubique. Ces hétérostructures ne présentent pas de champ interne. Nous montrerons que la transition E_{12} peut couvrir la gamme spectrale de 1.4 μm jusqu'à 4.1 μm en variant uniquement l'épaisseur du puits de 2 à 5 nm. Dans la dernière section, à l'aide d'un modèle de masse effective appliqué aux données expérimentales, nous déterminerons les paramètres des matériaux qui régissent le confinement quantique tel que la masse effective des porteurs et la discontinuité de potentiel entre GaN et AlN.

4.2 Description des échantillons

4.2.1 Choix du substrat

Pour l'hétéroépitaxie des nitrures cubiques, le substrat le mieux adapté en maille est le carbure de silicium (3.4% avec le GaN). De plus le choix du substrat le plus transparent est nécessaire pour la spectroscopie infrarouge. Dans cet objectif j'ai testé la transmission de plusieurs substrats SiC qui possèdent un coefficient de résistivité électrique différent. Malheureusement la transmission dans la gamme spectrale d'étude n'est pas plate (figure 4.1). Une autre approche a été envisagée pour résoudre ce problème. C'est d'utiliser des pseudo-substrats 3C-SiC (de 10 μm d'épaisseur) déposé sur substrat Si (001). Ce substrat possède une transmission très plate dans la gamme spectrale d'étude. La figure 4.1, présente les spectres de transmission infrarouge dans la gamme spectrale 1.55 à 23 μm de trois substrats SiC et d'un pseudo-substrat 3C-SiC de 10 μm déposé sur un substrat silicium.

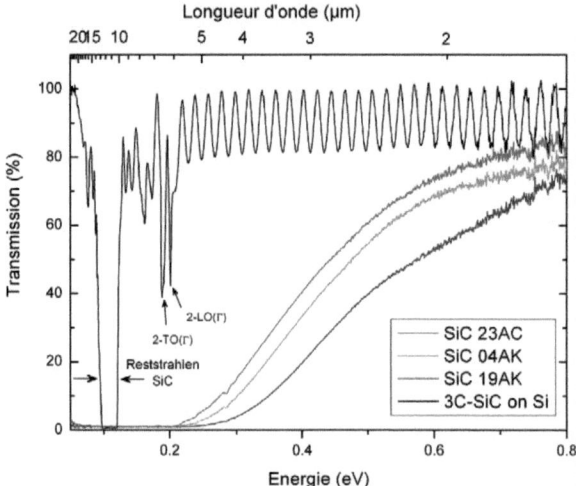

FIGURE 4.1 – **Transmission du quasi-substrat 3C-SiC/Si et de trois substrats SiC, normalisée par la réponse du système de mesure.**

L'absorption à 190 et 200 meV sur le spectre de transmission du substrat 3C-SiC correspond à l'absorption à 2-phonon TO et LO respectivement du

4.2 Description des échantillons

3C-SiC. La bande d'absorption entre 94 et 122 meV correspond à l'absorption *Reststrahlen* du 3C-SiC. Les oscillations sont dues aux interférences Fabry-Perot dans la couche 3C-SiC 10μm.

4.2.2 Croissance

Les échantillons étudiés dans ce chapitre ont été fabriqués par épitaxie par jets moléculaires assistés par plasma d'azote. La croissance a été réalisée au *Département de Physique de l'Université de Paderborn en Allemagne* par *C. Mietze et D. J. As*.

La croissance du super-réseau commence par le dépôt d'une couche de GaN ($\approx$ 100nm) sur un substrat 3C-SiC/Si(001) à 720°C. Les barrières en AlN sont synthétisées sous des conditions riches en Azote [Schu 10]. Un arrêt de croissance sous flux d'azote est effectué après chaque couche pour évacuer l'excès de métal accumulé en surface. Pour la croissance des puits, le flux de Ga est choisi de façon à ce qu'il y ait une couche de Ga qui recouvre la surface de l'échantillon. L'épaisseur de cette couche (= 1 monocouche) est constante dans le temps [Scho 07]. La vitesse de croissance du GaN et AlN est de 0.18 MC/s et 0.19 MC/s respectivement. Plus de détails sur la procédure de croissance par MBE du GaN et AlN cubiques sont présentés dans la référence [As 09].

Les échantillons étudiés dans ce chapitre contiennent des puits quantiques de GaN/AlN cubiques. La structure des échantillons est représentée sur la figure 4.2 et est résumée dans le tableau 4.1. La partie active contient 40 périodes de puits quantiques GaN/AlN dopés avec du Si. Le super réseau se trouve entre deux couches de GaN d'épaisseur 7 nm (en surface) et 100 nm (en dessous), voir figure 4.2. L'épaisseur des puits varie de 2 nm à 5 nm, tandis que celle des barrières reste fixe à 3 nm.

4.2.3 Propriétés structurales des puits GaN/AlN cubiques

Pour connaître avec précision les épaisseurs des puits et des barrières, les mesures de diffraction des rayons X ont été réalisées pour les structures A, B et C. Ces caractérisations ont été faites par *C. Mietze et D. J. As* au *Département de Physique de l'Université de Paderborn en Allemagne*.

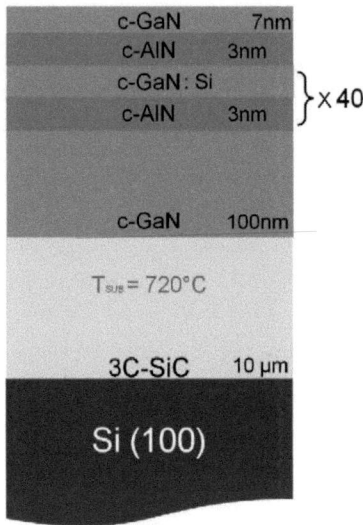

FIGURE 4.2 – Structures des multi-puits quantiques GaN/AlN en phase cubique.

Echantillon	L_p (nm)	L_b (nm)	Dopage (cm^{-3})
A :1981	2	3	5×10^{19}
B :1966	3	3	1×10^{19}
C :1967	5	3	1×10^{19}

TABLE 4.1 – Structure des échantillons de multi-puits quantiques GaN/AlN cubiques. Notations : L_p est l'épaisseur nominale des puits quantiques ; L_b est l'épaisseur nominale des barrières.

La figure 4.3 montre à titre d'exemple le diffractogramme $\omega - 2\theta$ mesuré et calculé autour de la réflexion (002) de l'échantillon B. Le plus haut pic à $2\theta = 20.81°$ correspond à la diffraction de la couche 3C-SiC, l'épaulement autour $2\theta = 20.09°$ est attribué à la réflexion du c-GaN de la couche tampon. Les pics (SL_i) correspondent aux ordres de diffraction dus à la périodicité des multi-puits quantiques.

L'espace entre SL_0 et les pics satellites permet de déterminer la période

4.2 Description des échantillons

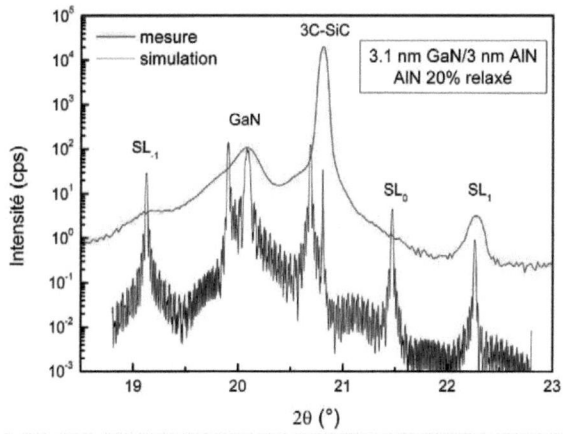

FIGURE 4.3 – Spectre mesuré et calculé de diffraction des rayons X de l'échantillon B d'épaisseur nominale 3/3nm.

(puits+barrière) d à partir de l'équation :

$$d = \frac{(m-n)\lambda}{2(sin(\theta_m) - sin(\theta_n))} \quad (4.1)$$

où θ_m et θ_n sont les positions angulaires des satellites SL$_m$ et SL$_n$ du super réseau et λ est la longueur d'onde des rayons X ($\lambda = 0.154056$ nm).

Les résultats obtenus sont résumés dans le tableau 4.2.

Echantillon	$L_{periode}^{XRD}$ (nm)	L_p^{XRD} (L_b^{XRD}) (nm)	FWHM X-ray (arcmin)
A	4.8	1.8 (3)	52
B	5.9	3.1 (2.8)	55
C	8.4	5.5 (2.9)	55

TABLE 4.2 – Paramètres structuraux des échantillons A, B, C. $L_{periode}^{XRD}$ est la période mesurée d'après les rayons X. L_p^{XRD} et L_b^{XRD} désignent l'épaisseur du puits et de la barrière.

4.3 Spectroscopie de photoluminescence

Dans un premier temps, j'ai caractérisé les échantillons en spectroscopie de photoluminescence UV. La figure 4.4 montre les spectres de PL des échantillons A, B, et C à 300 K. L'énergie de la PL se décale progressivement vers le rouge en augmentant l'épaisseur du puits. Les maxima des spectres sont piqués à 3.67 eV, 3.43 eV et 3.32 eV pour A, B et C. La valeur de la largeur totale à mi-hauteur augmente de 130 meV à 267 meV lorsque l'épaisseur des puits diminue. Cette augmentation est due à la fluctuation de l'épaisseur des puits qui influence fortement la position des niveaux fondamentaux e_1 et h_1 dans le cas des puits fins. Ces valeurs sont comparables à celles obtenues dans les puits GaN/AlN en phase hexagonale de même épaisseur.

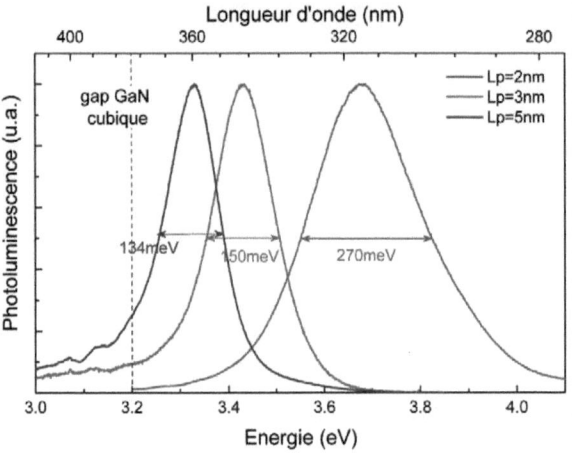

FIGURE 4.4 – Spectres de photoluminescences à 300 K de multi-puits quantiques GaN/AlN cubique.

La figure 4.5 présente l'énergie $\Delta E = E_{PQ} - E_{gap}$ mesurée et calculée en fonction de l'épaisseur du puits (pour le GaN cubique $E_{gap} = 3.2$ eV). A titre de comparaison, j'ai reporté la valeur de l'énergie de la PL des puits quantiques GaN/AlN en phase hexagonale étudiés dans le chapitre 3.

Contrairement à l'émission des puits quantiques GaN/AlN en phase hexagonale qui passe en dessous du gap du GaN massif pour des épaisseurs supérieures à 2 nm, l'émission des puits quantiques cubiques (001) reste toujours

4.3 Spectroscopie de photoluminescence

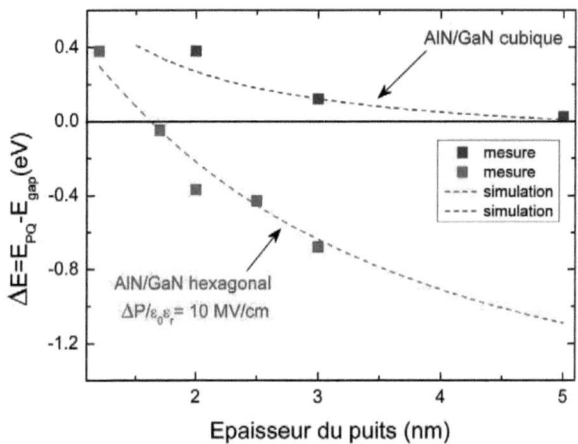

FIGURE 4.5 – $\Delta E = E_{PQ} - E_{gap}$ mesurée et calculée des puits quantiques GaN/AlN cubiques en fonction de l'épaisseur du puits, comparée à celle des puits GaN/AlN en phase hexagonale.

au dessus du gap du GaN massif. C'est une conséquence de l'absence de champ interne dans ce type de structure. La variation de l'énergie de la PL des puits cubiques en fonction de l'épaisseur a un comportement similaire à celui observé dans les puits quantiques GaN/AlN en phase hexagonale non-polaire (plan-a) [Ng 03]. Pour les puits cubiques, du fait de l'absence du champ interne, les fonctions d'ondes de l'électron et du trou sont localisées au centre du puits, le recouvrement des fonctions d'onde est meilleur, ce qui renforce la force d'oscillateur de la transition $e_1 - h_1$.

4.4 Spectroscopie infrarouge

Les mesures infrarouges ont été réalisées à 300 K en configuration zigzag. La longueur des échantillons correspond à $10, 14, 12$ passages à travers la région active pour les échantillons A, B et C respectivement. La figure 4.6 montre les spectres de transmission des échantillons A, B, et C dans la gamme spectrale 1- 7.7 μm en polarisation p.

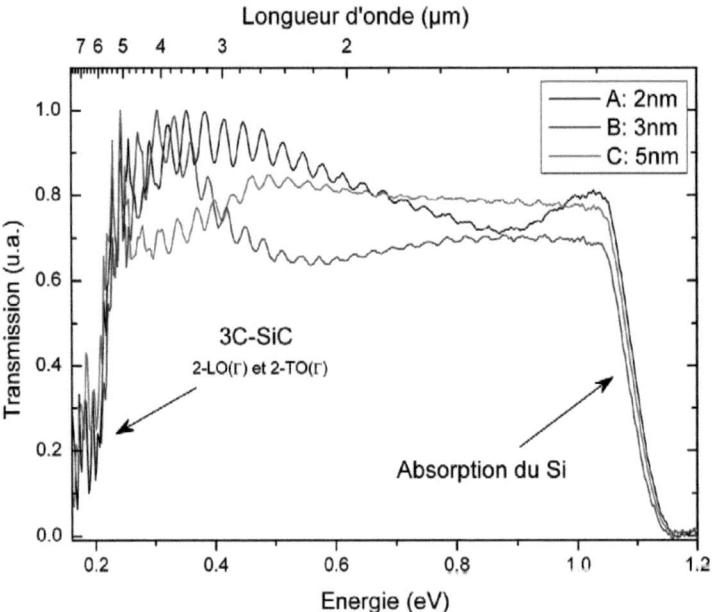

FIGURE 4.6 – Spectres de transmission infrarouge en polarisation p des échantillons A, B, et C.

Les échantillons A, B et C présentent des absorptions polarisées p à 0.88 eV ($1.4\mu m$), 0.46 eV ($2.7\mu m$), et 0.3 eV ($4.1\mu m$). Ces absorptions correspondent à la transition intersousbande de l'état fondamental e_1 au premier état excité e_2 dans les puits quantiques. L'énergie de la transition ISB se décale vers le rouge avec l'augmentation de l'épaisseur du puits. Les oscillations correspondent aux interférences Fabry-Perot dans la couche SiC d'épaisseur 10 μm. La coupure à haute énergie est due à l'absorption du substrat silicium. Quant à la coupure à basse énergie elle correspond à l'absorption à

4.4 Spectroscopie infrarouge

2-phonons LO et TO de la couche 3C-SiC [Patr 61].

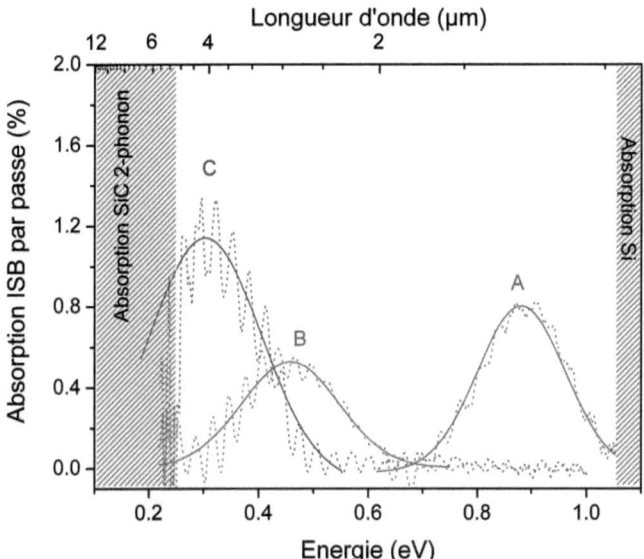

FIGURE 4.7 – **Spectres d'absorptions ISB par passage à travers la région active des échantillons A, B, et C (traits pointillés). Ajustement Gaussien des spectres (traits pleins)**

La figure 4.7 montre l'absorption par passage en polarisation p, ainsi que les ajustements Gaussiens. Ces ajustements nous permettent de mesurer la valeur de la largeur totale à mi-hauteur. Elle est de 170 meV, 210 meV et 220 meV pour les échantillons A, B, et C respectivement. L'élargissement ISB des puits GaN/AlN cubiques est plus important que celui des puits GaN/AlN hexagonaux (60-100 meV dans les puits dopés [Tche 06] et 40 meV dans les puits non dopés [Juli 07]). De plus, les spectres d'absorption des puits cubiques montrent un profil Gaussien contrairement aux puits GaN/AlN polaires en phase hexagonale qui sont ajustés par une ou plusieurs Lorentziennes [Tche 06]. Comme le cas des puits quantique GaN/AlN semipolaires, le profil Gaussien suggère que la longueur caractéristique des fluctuations à l'interface puits barrière est beaucoup plus courte que la longueur d'onde de *De Broglie* dans le GaN voir section 3.4.3.

4.5 Simulation du confinement électronique

Il y a une grande dispersion dans la littérature des paramètres du GaN et AlN en phase cubique, en particulier en ce qui concerne la masse effective et la discontinuité de potentiel entre le GaN et l'AlN. Pour cette raison nous avons choisi d'estimer la valeur de la masse effective et la discontinuité de potentiel d'après les mesures interbandes et intersousbandes. Les simulations consistent à résoudre de façon auto-cohérente les équations de Schrödinger et Poisson dans un modèle de masse effective [Tche 06].

4.5.1 Estimation de la valeur de la masse effective

Pour la masse effective, le calcul de l'énergie intersousbande et de la photoluminescence a été réalisé en utilisant trois jeux de paramètres tirés de [Pugh 99], [Ramo 01] et [Suzu 96]. Ces valeurs sont résumées dans le tableau 4.3.

Ref	m_e^* GaN	m_{hh}^* GaN	m_e^* AlN	m_{hh}^* AlN
[Pugh 99]	$0.11 m_0$	$0.8 m_0$	$0.19 m_0$	$1.2 m_0$
[Ramo 01]	$0.14 m_0$	$0.86 m_0$	$0.28 m_0$	$1.44 m_0$
[Suzu 96]	$0.17 m_0$	$0.85 m_0$	$0.3 m_0$	$1.39 m_0$

TABLE 4.3 – **Masse effective des électrons et des trous lourds du GaN et AlN cubique.**

L'énergie de la PL ne dépend pas beaucoup de la valeur de la discontinuité de potentiel, mais elle dépend fortement de la valeur de la masse effective. On peut donc utiliser les mesures de PL pour déterminer la masse effective en comparant la simulation aux résultats de mesures. La figure 4.8 montre le résultat de calcul de l'énergie de la photoluminescence en fonction de l'épaisseur de puits en utilisant les valeurs pour la masse effective du GaN et AlN citées dans les références ci-dessus. La discontinuité de potentiel en bande de conduction est choisie égale à 1.2 eV. Il faut souligner que l'énergie de liaison de l'exciton a été négligé dans ce calcul.

La figure 4.8 montre que le meilleur accord avec les mesures est obtenu pour la masse effective du GaN la plus faible $m_e^* = 0.11 m_0$ [Pugh 99]. Cette valeur est aussi en accord avec les résultats des mesures intersousbandes

4.5 Simulation du confinement électronique

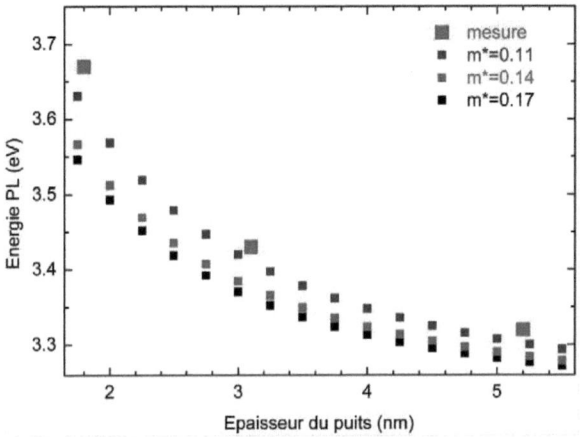

FIGURE 4.8 – **Energie de PL calculée en fonction de l'épaisseur du puits et de la masse effective.** La discontinuité de potentiel en bande de conduction utilisée dans ce calcul est : $\Delta E_c = 1.2$ eV.

(figure 4.9). La valeur de la masse effective des électrons du GaN en phase cubique est deux fois plus faible que celle du GaN en phase hexagonale ($m_e^* = 0.22 m_0$).

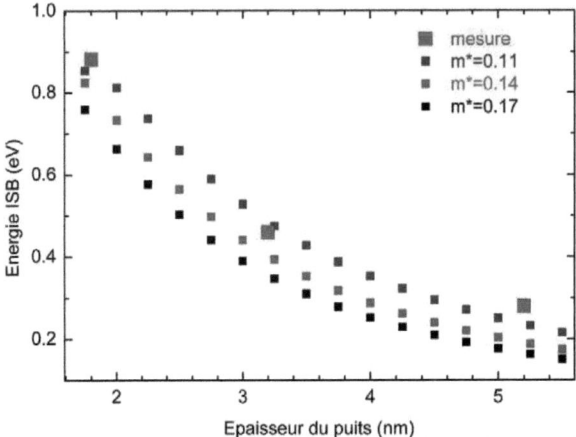

FIGURE 4.9 – **Energie intersousbande calculée en fonction de l'épaisseur du puits et de la masse effective.**

4.5.2 Discontinuité de potentiel entre GaN et AlN

La discontinuité de potentiel en bande de conduction entre le GaN et l'AlN affecte fortement l'énergie de transition intersousbande pour les puits fins. Dans cette étude, nous avons décidé de prendre la discontinuité de potentiel en bande de conduction (CBO) comme paramètre ajustable. En première approximation nous avons négligé la non-parabolicité de la bande de conduction.

L'absorption à haute énergie (0.88 eV) de l'échantillon A, nous permet d'évaluer avec précision la valeur de la discontinuité de potentiel en bande de conduction. La figure 4.10 montre les résultats de calcul de l'énergie E_{12} en fonction de l'épaisseur du puits pour 3 valeurs différentes de la discontinuité de potentiel : 1 eV, 1.2 eV et 1.4 eV. Les paramètres utilisés dans le calcul sont les suivants : la masse effective d'après [Pugh 99], et le dopage volumique est de 1.10^{19} cm^{-3} dans le puits.

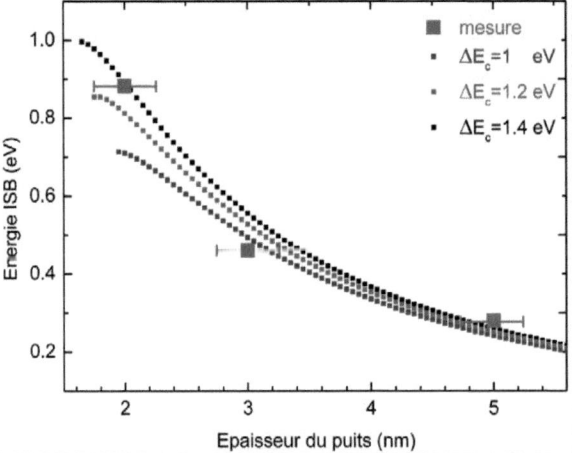

FIGURE 4.10 – Energies d'absorption ISB calculées pour différentes valeurs de ΔE_c. La masse effective a été prise égale à m$_e^*$ GaN = 0.11m$_0$, m$_{hh}^*$ GaN = 0.8m$_0$, m$_e^*$ AlN = 0.19m$_0$, et m$_{hh}^*$ AlN = 1.2m$_0$. Les carrés rouges représentent les résultats de mesures, les barres d'erreurs correspondent à l'incertitude sur l'attribution d'épaisseur à chaque pic ±1 monocouche.

4.5 Simulation du confinement électronique

Le meilleur accord avec les mesures est obtenu pour $\Delta E_c = 1.4$ eV. Notons néanmoins que dans ce calcul nous avons négligé la non-parabolicité de la bande de conduction. La prise en compte de la non parabolicité implique une diminution de l'énergie de l'état excité, on peut donc considérer que la valeur de la discontinuité de potentiel ΔE_c est supérieure ou égale à 1.4 eV.

C. Mietze et al. [Miet] ont calculé la discontinuité de potentiel en bande de conduction pour ces échantillons en prenant en compte la non-parabolicité de la bande de conduction. La variation de la masse effective en fonction de l'énergie a été calculée en utilisant l'équation 4.2 :

$$\frac{m_0}{m^*(\epsilon)} = 1 + 2F + \frac{E_p}{3}\left(\frac{2}{E_g + \epsilon} + \frac{1}{E_g + \Delta + \epsilon}\right) \qquad (4.2)$$

où ϵ est l'énergie de l'état fondamental, E_p est l'élément de matrice interbande, Δ désigne la dégénérescence due au couplage spin-orbite de la bande de valence. Les paramètres utilisés dans leur calcul sont résumés dans le tableau 4.4

Paramètre	c-AlN	c-GaN
E_g	5.3eV	3.3eV
a	4.38 Å	4.52 Å
m_{hh}/m_0	1.2	0.8
m_{lh}/m_0	0.33	0.18
m_e/m_0	0.19	0.13
E_p	23.84eV	16.86eV
F	–	0.6
Δ	–	0.017eV

TABLE 4.4 – **Paramètres utilisés dans le calcul de C. Mietze et al. [Miet]**.

Le calcul consiste à résoudre l'équation de de Schrödinger dans un formalisme de masse effective à l'aide du logiciel Nextnano[3]. Le résultat de calcul est présenté sur la figure 4.11, les carrés correspondent aux résultats de mesures.

La discontinuité de potentiel en bande de conduction a été variée de 1 eV à 1.7 eV. L'accord optimal entre les calculs et les mesures se trouve pour $\Delta E_c = 1.4 \pm 0.05 eV$, ce qui correspond au rapport $\Delta E_c : \Delta E_v$ de

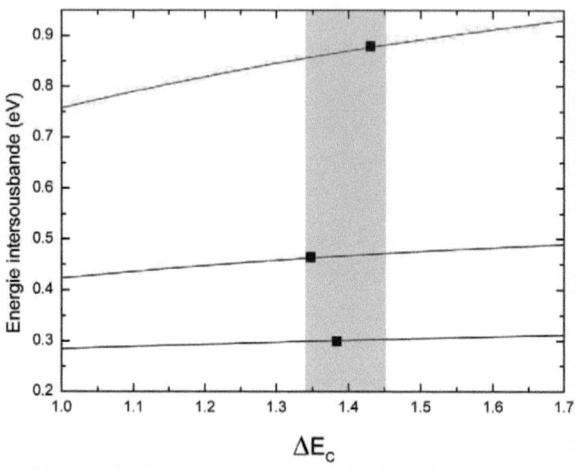

FIGURE 4.11 – **Energies d'absorption ISB calculées en fonction de ΔE_c. Les carrés représentent les résultats de mesures.**

$(70 \pm 2.5) : 30$. Ce résultat est en parfait accord avec la valeur déduite de nos mesures.

4.6 Conclusion

Nous avons présenté une étude expérimentale et théorique des transitions intersousbandes dans les puits quantiques GaN/AlN en phase cubique. Ces structures ne possèdent pas de champ électrique interne. La longueur d'onde d'absorption a été ajustée de 1.4 à 4.1μm en augmentant l'épaisseur du puits de 2 nm à 5 nm. Les paramètres régissant le confinement quantique dépendent de plusieurs facteurs tel que la masse effective et la discontinuité de potentiel en bande de conduction ΔE_c. En s'appuyant sur les résultats de mesure optique, nous avons déterminé le jeu de paramètre optimal : la discontinuité de potentiel en bande de conduction entre GaN et AlN est autour de 1.4 ± 0.05 eV et la masse effective des électrons égale à $0.11 m_0$ dans le GaN et $0.19 m_0$ dans l'AlN.

Chapitre 5

Absorption intersousbande dans le THz

5.1 Introduction

La région TeraHertz (THz) du spectre électromagnétique, longtemps restée peu exploitée, voit émerger aujourd'hui des sources compactes et faciles d'emploi qui offrent de nouvelles opportunités pour les communications de proximité ou les techniques d'imagerie, avec des applications à la sécurité, à l'environnement, ainsi qu'à la médecine et la biologie car les rayons THz ne sont pas ionisants. En particulier sont apparus des lasers à semiconducteur très prometteurs qui génèrent une émission optique THz au moyen de puits quantiques formant une structure dite à cascade quantique. Les lasers à cascades quantiques (QCL) basés sur les transitions intersousbandes dans les puits quantiques GaAs/AlGaAs sont à l'heure actuelle les meilleures sources THz compactes délivrant des puissances de quelques dizaines de milliwatts dans la gamme spectrale 1.2 à 5 THz [Kohl 02], [Will 05], [Will 06], [Walt 07], [Luo 09].

Ces lasers ont un handicap de fonctionnement à haute température à cause de l'énergie des phonons optiques LO faible dans le GaAs (36 meV) qui est comparable à $k_B T = 25$ meV. La température maximale de fonctionnement (T_{max}) des QCLs est de 186K et 120K pour un fonctionnement en mode pulsé et en mode continu respectivement [Kuma 09],[Will 05]. La raison fondamentale limitant la température de fonctionnement de ces lasers est la faible énergie du phonon optique. Les électrons excités thermiquement peuvent acquérir suffisamment d'énergie pour permettre l'émission de phonons optiques LO. Le mécanisme non-radiatif de relaxation vers la sousbande fondamentale réduit l'inversion de population et le gain du laser. Les semiconducteurs possédant une énergie élevée des phonons optiques comme les nitrures d'éléments III sont de bons candidats pour s'affranchir de ce problème.

De plus, les nitrures d'éléments III offrent la possibilité de réaliser un laser à cascade fonctionnant dans la gamme 4.6-12 THz qui correspond à la bande *Reststrahlen* d'absorption du GaAs [Jova 04].

Nous avons vu dans le chapitre 2 que les transitions intersousbandes dans les puits quantiques GaN/Al$_x$Ga$_{(1-x)}$N (en phase hexagonale) peuvent être accordées dans la gamme spectrale 1-12 μm. Cela est possible en utilisant des barrières à faible teneur en Al, tout en augmentant l'épaisseur des puits et diminuant celle de la barrière. Malheureusement cette stratégie est difficile à mettre en œuvre dans la gamme THz. En effet, la présence du champ interne et la valeur élevée de l'épaisseur du puits conduit à une concentration surfacique élevée d'électrons dû au dopage intentionnel ou non-intentionnel dans le puits et l'on peut s'attendre à un décalage vers le bleu de la transition intersousbande dû aux effets à N-corps.

Tous les travaux sur les propriétés intersousbandes des nitrures d'éléments III dans la région THz, publiés à ce jour étaient théoriques. Dans ce chapitre je présente la première observation expérimentale de l'absorption intersousbande dans la gamme de fréquence THz dans les systèmes GaN/AlGaN en phase hexagonale et en phase cubique.

Pour les puits quantiques GaN/AlGaN en phase hexagonale, j'ai étudié des puits quantiques contenant une marche de potentiel. Le principe est de se rapprocher d'un profil de bande plat en jouant sur les concentrations d'Al et sur les épaisseurs des couches.

Les puits quantiques GaN/AlGaN en phase cubique ne possèdent pas de champ interne. Pour baisser l'énergie de transition intersousbande il suffit de diminuer la concentration en Aluminium de la barrière, tout en augmentant l'épaisseur du puits.

5.2 Structure des puits quantiques polaires à marche

5.2.1 Conception des structures

La figure 5.1 montre la structure schématique des puits quantiques à marche que j'ai conçus. La période est composée de trois couches : la première couche en $Al_{0.1}Ga_{0.9}N$ est la barrière de séparation, elle a une épaisseur de 3 nm, le puits en GaN d'épaisseur 3 nm, et la marche de potentiel constituée d' $Al_{0.05}Ga_{0.95}N$. Les épaisseurs des couches et la concentration en Al ont été choisies de façon à obtenir un profil de potentiel plat dans la marche. Une fois que le profil de potentiel est plat, il suffit de varier l'épaisseur de la marche afin de changer l'énergie de la transition $e_1 - e_2$. Changer l'épaisseur du puits (GaN) ou de la barrière ($Al_{0.1}Ga_{0.9}N$) résulterait en une valeur non nulle du champ interne dans la marche.

Deux échantillons ont été conçus avec une marche d'épaisseur différente. Pour l'échantillon A (E2261) l'épaisseur de la marche est de 10 nm, et pour l'échantillon B (E2321) l'épaisseur de la marche est de 15 nm. La région active se termine par une couche épaisse de 50 nm d'$Al_{0.05}Ga_{0.95}N$, afin d'éviter la courbure de profil de bande induite par les charges d'interface.

L'épaisseur de la marche permet d'accorder l'énergie de transition ISB.

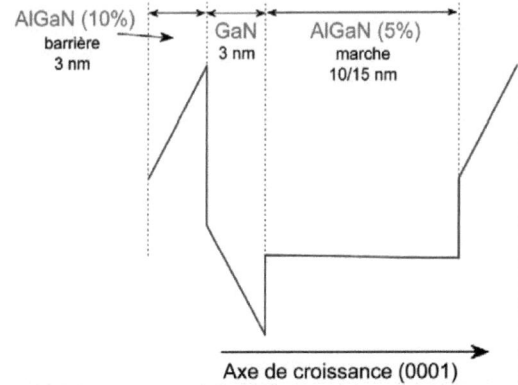

FIGURE 5.1 – **Schéma d'une période des puits à marche de potentiel.**

5.2.2 Simulation numérique

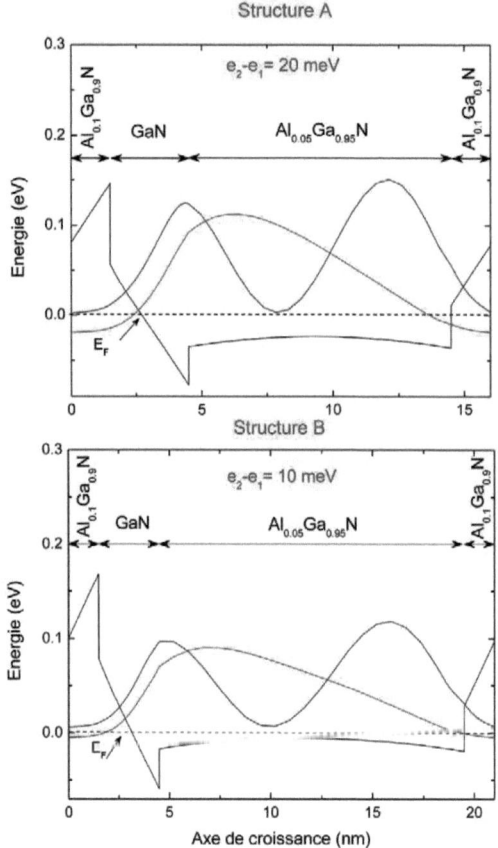

FIGURE 5.2 – Profil de bande de conduction (trait noir), carré des fonctions enveloppes du niveau fondamental et le premier niveau excité e_1 et e_2. Le niveau de Fermi est représenté par le trait en pointillé.

Pour les simulations numériques j'ai utilisé le logiciel Nextnano[3] pour la résolution de l'équation de Schrödinger-Poisson. Les paramètres du GaN et l'AlGaN utilisés dans le calcul sont exposés dans le chapitre 1. Le paramètre qui décrit la non-linéarité du gap de l'AlN (*bowing*) a été pris égal à 1 eV, et

5.2 Structure des puits quantiques polaires à marche

nous avons considéré que les conditions périodiques sont respectées.

La figure 5.2 montre le profil de bande de conduction des échantillons A et B. La couche d'$Al_{0.05}Ga_{0.95}N$ devrait présenter un profil de potentiel plat, mais on remarque une légère courbure dû à l'interaction coulombienne entre les électrons et les donneurs ionisés. Le niveau fondamental et le premier niveau excité sont confinés par le puits GaN et la marche en $Al_{0.05}Ga_{0.95}N$. La longueur des dipôles est calculée comme étant 2.76 (3.84) nm pour la transition $e_1 - e_2$ de l'échantillon A (B). L'énergie de la transition intersousbande $e_1 - e_2$ est calculée à 21 meV (5.1 THz) pour l'échantillon A et 10 meV (2.4 THz) pour l'échantillon B.

5.2.3 Caractérisations structurales

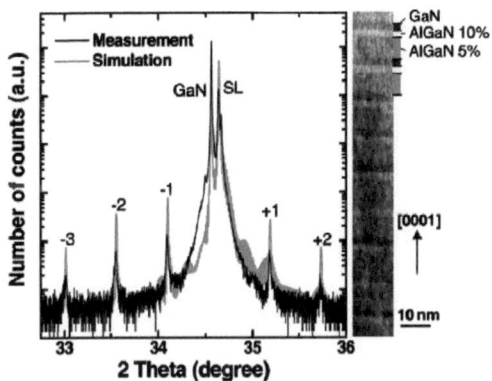

FIGURE 5.3 – Spectre de diffraction des rayons X pour l'échantillon A mesuré et calculé. A droite : une image TEM de 8 périodes de la région active du même échantillon.

La figure 5.3 montre le diffractogramme $2\theta - \omega$ de l'échantillon A autour de la réflexion (0002) obtenu par *Eirini Sarigiannidou* à l'*INP de Grenoble*. Le pic à $2\theta = 34.57°$ correspond au GaN. Les pics (SL_i) correspondent aux ordres de diffractions dus à la périodicité de multi-puits quantiques. Ces pics sont clairement visibles jusqu'à l'ordre trois, ce qui démontre la bonne périodicité de la structure. L'épaisseur de la période est $\approx 6\%$ (c-à-d ≈ 1 nm) plus faible que l'épaisseur nominale (16 nm). La teneur en Al est légèrement plus faible que les valeurs nominales (variation de 10%). L'image TEM sur la figure 5.3 montre 8 périodes de la région active, la structure est assez régulière, les différentes couches qui constituent la période sont nettement distinguables et sans fissures. Ici l'effet de la contrainte est presque nul parce que le paramètre de maille de l'AlGaN est proche de celui du GaN.

5.3 Spectroscopie d'absorption

5.3.1 Procédure expérimentale

Pour les mesures infrarouges dans la gamme THz, j'ai utilisé un l'interféromètre à transformée de Fourier Bruker IFS66, équipée d'une source *glow-bar*. Afin de mesurer le signal optique, j'ai utilisé, deux bolomètres Si refroidis à 4 K : le premier de la marque *QMC Instruments Ltd* pour la gamme spectrale 2.5 - 18 THz, le second de la marque *BFI OPTILAS* pour une gamme de détection 0.4 - 5 THz.

Les échantillons ont été coupés en deux morceaux de même longueur (3.9 et 3.51 mm pour l'échantillon A et B), et les facettes opposées de chaque échantillon ont été polies mécaniquement à un angle de 30°. J'ai ensuite plaqué les deux morceaux face contre face afin de doubler le nombre de périodes et d'améliorer le signal transmis en doublant la surface d'injection (facette). De plus, cette configuration autorise un meilleur couplage aux transitions intersousbandes dans le THz. En effet, la configuration multi-passage standard utilisée dans le proche et moyen infrarouge, n'est pas favorable dans le THz à cause du facteur $\lambda/n = 43\mu m$ (pour $\lambda = 100\mu m$) élevé comparé à l'épaisseur de la région active ($\approx 1\mu m$). Cela résulte en une composante du champ électrique TM nulle à l'interface (air-semiconducteur). En revanche, la configuration face à face donne un bon couplage de la composante TM du champ dans la région active.

Les mesures de transmission ont été réalisées à 4 K, les deux morceaux plaqués mécaniquement l'un sur l'autre placés sur le doigt froid du cryostat inséré dans la chambre principale du spectromètre.

Afin d'identifier les absorptions intersousbandes, les spectres ont été enregistrés en polarisation p et s.

Dans la plage spectrale d'étude 2-12 THz, les molécules d'eau H_2O et CO_2

5.3 Spectroscopie d'absorption 113

absorbent une bonne partie du signal, ce qui peut nuire à la mesure. Pour remédier à cela, les mesures ont été réalisées après avoir purgé le spectromètre à l'air sec.

Pour s'affranchir de l'absorption du substrat et des optiques, les spectres de transmission sont divisés par la transmission de deux morceaux de GaN sur Si (111) placé face à face dans la même configuration que l'échantillon. Chaque morceau a une longueur de 3.6 mm et une épaisseur de 0.55 mm.

5.3.2 Absorption intersousbande

La figure 5.4 montre le spectre d'absorption des échantillons A et B en polarisation p et s à 4 K. L'absorption des deux échantillons est fortement polarisée p comme attendu d'une transition intersousbande. Le pic d'absorption est situé à 4.2 THz (17.4 meV) pour l'échantillon A, et à 2.1 THz (8.7 meV) pour l'échantillon B. L'énergie des transitions intersousbande pour les échantillons A et B est en bon accord avec les simulations qui prédisent 5.1 THz et 2.4 THz pour A et B, respectivement. La ligne de base n'est pas parfaitement plate car l'échantillon et la référence n'ont pas les mêmes dimensions.

La largeur totale à mi-hauteur est de 2.4 THz pour l'échantillon A et 0.72 THz pour l'échantillon B, ce qui donne des facteurs d'élargissements ($\Delta\lambda/\lambda$) de 54% et 34% pour A et B. D'après les simulations le facteur d'élargissement déduit ne peut pas s'expliquer simplement par la fluctuation d'une monocouche de l'épaisseur des couches. En effet, en admettant une variation d'une monocouche (± 0.26 nm) de l'épaisseur du puits, de la marche et de la barrière de séparation, cela décale la longueur d'onde de transition d'un facteur $\Delta\lambda/\lambda = 14\%$ (8%) pour l'échantillon A (B). Nous avons vu dans la section 2.3.5 que l'élargissement des pics d'absorption intersousbande augmente avec le dopage. En s'appuyant sur le fait que l'élargissement est plus important dans l'échantillon A (dopage nominal 1×10^{19} cm^{-3}) que B (dopage nominal 5×10^{18} cm^{-3}), l'élargissement est probablement dû à l'interaction électron-électron et électron-impureté. Cependant pour l'échantillon A (le plus peuplé) on ne peut pas exclure la contribution d'absorption partant du niveau e_2 vers e_3. Néanmoins les simulations montrent que la transition e_2-e_3 serait piquée vers 9 THz (39 meV) ce qui infirme cette hypothèse.

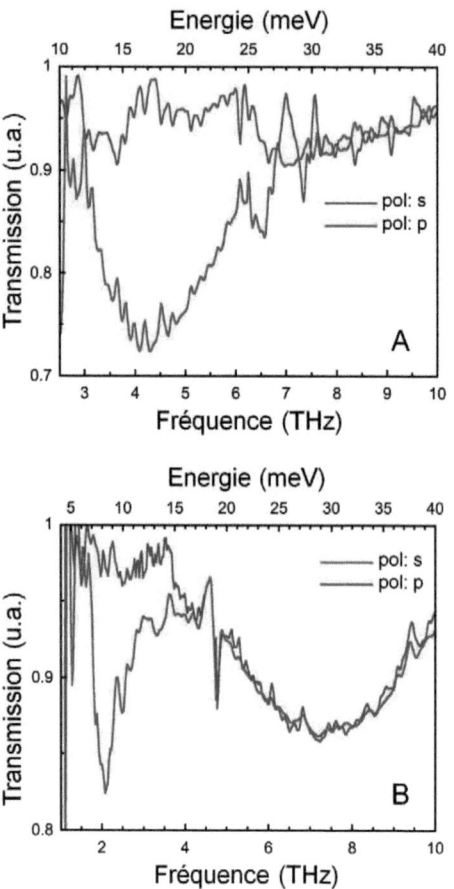

FIGURE 5.4 – Spectres de transmission en polarisation p et s des échantillons A et B.

5.3.3 Estimation de la densité de porteurs

Nous allons calculer la densité des électrons à partir des mesures d'absorption intersousbande.

L'expression du coefficient d'absorption intersousbande de la transition e_1 vers e_2 (équation 1.37) est :

5.3 Spectroscopie d'absorption

$$\alpha(\omega) = \frac{1}{L_{puits}} \frac{\pi(e_1-e_2)^2 \mu_{12}^2}{\omega \hbar^2 n c \epsilon_0} \frac{sin^2\theta}{cos\theta}(n_1^s - n_2^s)g(e_2 - e_1 - \hbar\omega) = \frac{(n_1^s - n_2^s)}{L_{puits}}\sigma(\omega)$$
(5.1)

ici l'angle θ est égal à 52°. Donc l'expression de la section efficace s'écrit sous la forme :

$$\sigma(\omega) = \frac{\pi(e_1-e_2)^2 \mu_{12}^2}{\omega \hbar^2 n c \epsilon_0} g(e_2 - e_1 - \hbar\omega)\frac{sin^2\theta}{cos\theta}$$
(5.2)

La longueur des dipôles de la transition e_1 vers e_2 est calculée comme étant 2.76 nm (3.84 nm) pour l'échantillon A (B).

En utilisant la valeur du dipôle calculée et l'élargissement mesuré, la section efficace estimée est de $\sigma_{2D} = 1.6 \times 10^{-15}$ cm^{-2} pour l'échantillon A et 5.5×10^{-15} cm^{-2} pour l'échantillon B.

L'absorbance αL_{tot} totale déduite des spectres de transmission est de 0.33 et 0.2 pour A et B respectivement. Le nombre effectif de passage à travers la région active est calculé à 1.5 (1.2) pour l'échantillon A (B). Donc l'absorbance αL_{puits} par puits est de 2.75 10^{-3} (2 10^{-3}) pour l'échantillon A (B).

D'après ces valeurs, la densité surfacique des électrons entre e_1 et e_2 est estimée à $n_1 - n_2 \approx 1.6 \times 10^{12}$ cm^{-2}, pour l'échantillon A, ce qui correspond à un niveau de Fermi E_f supérieur à l'état excité e_2. Cette valeur est très proche de la valeur trouvée dans l'approximation $E_f - E_2 \gg kT$. Dans ce cas :

$$n_1 - n_2 \approx \frac{m^* E_{12}}{\pi \hbar^2} = 1.8 \times 10^{12} \; cm^{-2}$$
(5.3)

A ce niveau de dopage, $n_1 - n_2$ ne dépend que de l'écart d'énergie E_{12} et ne dépend plus du dopage. Il n'est donc pas possible d'extraire de la mesure de transmission, la concentration totale de porteurs $n_1 + n_2$.

Pour l'échantillon B, $n_1 - n_2$ est estimé à 4.5×10^{11} cm^{-2}. Dans ce cas le niveau de Fermi est situé entre e_1 et e_2 avec $E_f - E_1 = 5$ meV.

Contrairement à l'échantillon A, la population de l'état excité est négligeable et la mesure ISB permet de déduire la concentration totale de porteurs n_1+n_2=4.5×10^{11} cm^{-2}. Ceci correspond à une concentration volumique d'électrons de 1.5×10^{18} cm^{-3}, valeur 3.3 fois plus faible que celle attendue du dopage nominal en Si. Ceci s'explique par une ionisation partielle des dopants silicium à la température de 4.7 K.

5.4 Puits GaN/AlGaN cubiques

La structure consiste en 40 périodes de puits quantiques GaN/Al$_{0.05}$Ga$_{0.95}$N cubiques, épitaxiés sur un quasi-substrat 3C-SiC ($10\mu m$) sur Silicium. Les épaisseurs du puits et de la barrière sont de 12 et 15 nm, respectivement. La mesure de transmission a été réalisée en utilisant le montage expérimental décrit dans la section 5.3.1.

La figure 5.5 montre le spectre de transmission dans la gamme 1.5-12.5 THz de cet échantillon en polarisation p et s.

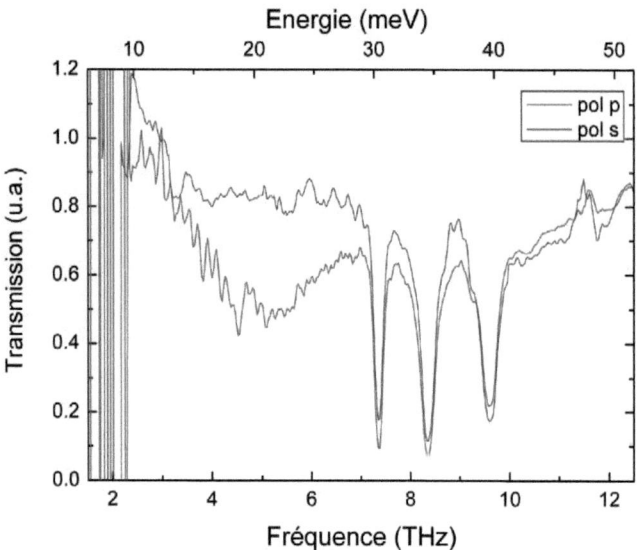

FIGURE 5.5 – **Transmission à 4 K en polarisation p et s des multipuits GaN/Al$_{0.05}$Ga$_{0.95}$N cubiques.**

L'absorption polarisée TM à 5 THz (21 meV) correspond à la transition intersousbande e_1 vers e_2. Les trois pics d'absorption non polarisés situés entre 7 THz et 10 THz sont probablement dus à l'absorption par des impuretés dans la couche 3C-SiC [Chen 01].

L'énergie de transition intersousbande $e_1 - e_2$, est calculée à 31 meV, en utilisant l'épaisseur et la concentration d'Al nominale des couches, et en prenant les valeurs pour la masse effective et la discontinuité de potentiel discutées dans le chapitre 4. L'énergie de la transition mesurée est 30% plus faible. Ceci peut probablement s'expliquer par une concentration d'Al dans les barrières plus faible que la valeur nominale ou à des puits plus épais. Notons aussi que le calcul se base sur une interpolation linéaire entre GaN et AlN pour estimer la discontinuité de potentiel et la masse effective de l'Al$_{0.05}$Ga$_{0.95}$N, ce qui est probablement une approximation grossière.

La largeur totale à mi-hauteur du pic d'absorption est de 9 meV (2.1 THz). Elle correspond à un facteur d'élargissement $\Delta\lambda/\lambda$ égal 42%. L'élargissement dans les puits cubiques est plus important que celui mesuré dans l'échantillon B (en phase hexagonale). Ceci peut être le signe d'une fluctuation importante de l'épaisseur des puits d'une période à l'autre.

5.5 Vers un laser à cascade quantique GaN

La structure la plus simple pour les lasers à cascade quantique THz est la structure à trois puits. Ici je propose d'appliquer cette structure au GaN.

La structure consiste en trois puits quantiques dans le système GaN/Al$_{0.15}$Ga$_{0.85}$N. L'épaisseur des deux premiers puits est choisie pour que leurs niveaux fondamentaux aient la même énergie. Ils vont alors être dégénérés, le *splitting* entre ces deux niveaux va être déterminé par l'épaisseur de la barrière les séparant. C'est entre ces deux niveaux dégénérés que va avoir lieu la transition optique. L'épaisseur du troisième puits est choisie afin que l'écart énergétique entre les deux premiers niveaux (niveaux 1 et 3 dans la figure 5.6) soit égal à l'énergie du phonon optique dans le GaN ($E_{LO} = \hbar\omega_{LO} = 92$ meV). Ce qui correspond à un puits d'environ 6 nm d'épaisseur. L'émission résonante de phonons LO étant un processus très rapide dans le GaN, on s'attend à une dépopulation rapide du niveau fondamental de la transition optique, afin d'obtenir l'inversion de population (l'inversion de population a lieu si $\tau_2 < \tau_4$, où τ_i représente le temps de vie du niveau i).

Les niveaux électroniques sont répartis afin qu'il y ait deux autres résonances : le niveau fondamental de la transition mettant en jeu le phonon va être couplé par transport tunnel au niveau excité de la transition optique, et le niveau fondamental de la transition optique étant couplé avec le niveau excité du puits large.

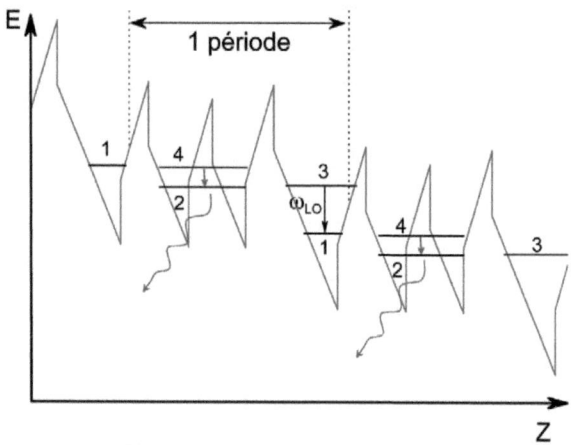

FIGURE 5.6 – Schéma de la structure du laser à cascade quantique à 3 puits. La transition optique se fait entre le niveau 4 et le niveau 2. L'inversion de population est obtenue par émission rapide de phonons LO entre les niveaux 3 et 1. Entre les niveaux 2 et 3 ainsi qu'entre 1 et 4, les électrons traversent la barrière par transport tunnel résonant.

5.5.1 Structure de bande

La figure 5.7 montre le profil de bande de conduction d'une période du laser à cascade GaN, avec le carré des fonctions enveloppes. L'épaisseur en Angström des puits GaN et les barrières $Al_{0.15}Ga_{0.85}N$ de gauche à droite est de **26**/37/**22**/31/**26**/59 (l'épaisseur des barrières est en gras). Le calcul est exécuté pour trois périodes et en présence d'un champ électrique de l'ordre de 73 kV/cm. L'émission laser (entre le niveau 4 et 2) est prédite à 3.3 THz (14 meV). L'écart entre les niveaux 3 et 1 est de 94 meV, très proche de celle du phonon LO du GaN.

5.5.2 Fonctionnement à plus haute température

Dans cette partie nous allons expliquer pourquoi cette structure (figure 5.7) peut fonctionner à plus haute température.

Dans la structure 3 puits quantiques, il y a quatre niveaux énergétiques

5.5 Vers un laser à cascade quantique GaN

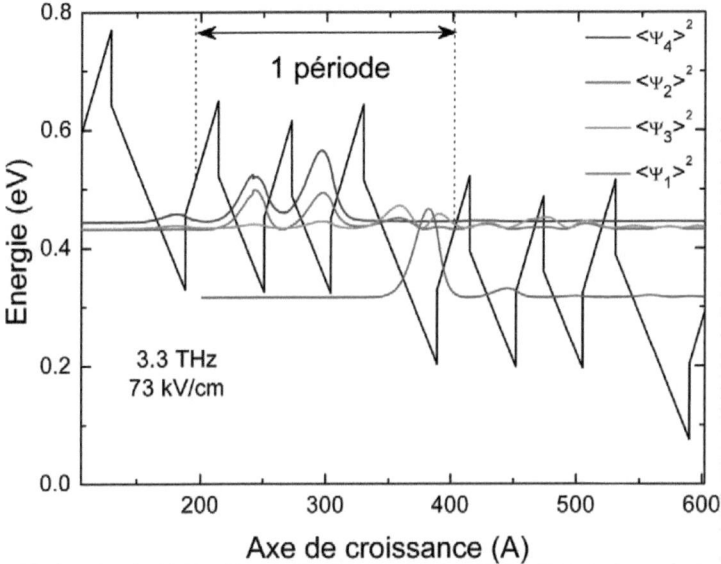

FIGURE 5.7 – **Profil de la bande de conduction et le carré des fonctions enveloppes d'un laser à cascade quantique GaN. La structure est tracée en présence d'un champ électrique de 73 kV/cm.**

par période, qui sont regroupés en deux doublets. Nous allons simplifier la structure en ne prenant qu'un seul niveau par doublet. Nous nous retrouvons avec un modèle très simple contenant deux niveaux (figure 5.8). Nous nous plaçons en régime stationnaire, c'est à dire que le système est formellement identique à un système périodique comprenant deux niveaux.

Pour le système à deux niveaux les évolutions temporelles des populations des niveaux s'écrivent (équations bilans) :

$$\frac{dn_1}{dt} = -\frac{n_1}{\tau_{12}} + \frac{n_2}{\tau_2}$$
$$\frac{dn_2}{dt} = -\frac{n_2}{\tau_2} + \frac{n_1}{\tau_{12}} \quad (5.4)$$
$$(5.5)$$

où n_1 et n_2 sont les populations du niveau excité et du niveau fondamental. τ_2 est le temps de vie du niveau fondamental, et τ_{12} est le temps de

Absorption intersousbande dans le THz

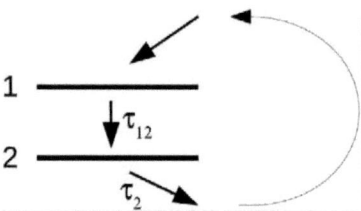

FIGURE 5.8 – Schéma du système à deux niveaux. τ_{12} est le temps de relaxation, et τ_2 la durée de vie du niveau fondamental. En régime stationnaire, chaque période est identique, c'est à dire qu'un électron qui relaxe du niveau fondamental vers le niveau excité de la période suivante est formellement identique à un électron réinjecté dans le niveau excité de la même période.

relaxation du niveau 1 vers le niveau 2. En régime continu les dérivées temporelles s'annulent et nous trouvons que l'inversion de population est donnée par :

$$\Delta n = n_1 - n_2 = \frac{\tau_{12} - \tau_2}{\tau_{12} + \tau_2} N \quad (5.6)$$

où $N = n_1 + n_2$ est la population totale des deux niveaux. Nous retrouvons le résultat habituel : pour obtenir l'inversion de population il faut que la durée de vie du niveau fondamental soit plus courte que le temps de relaxation τ_{12}.

Émission de phonon activée thermiquement

Dans le système GaAs/AlGaAs, l'émission de phonon LO du niveau 1 vers le niveau 2 est interdite à basse température pour des écarts énergétiques inférieurs à l'énergie du phonon LO. En augmentant la température l'émission de phonon (activé thermiquement) devient le processus dominant (voir figure 5.9).

Le taux d'émission de phonon s'écrit en fonction de la température :

$$W^{emi}(T) = \frac{\int dE_k W(E_k) f_{FD}(E_k)}{\int f_{FD}(E_k)} \quad (5.7)$$

où f_{FD} est la distribution de Fermi Dirac et $E_k = \frac{\hbar^2 k_{\parallel}^2}{2m^*}$ est l'énergie dans le plan des électrons. Dans le cas où $E_f - E_i < E_{LO}$, cette expression est proche d'une expression beaucoup plus simple, sous forme d'un terme d'activation :

5.5 Vers un laser à cascade quantique GaN

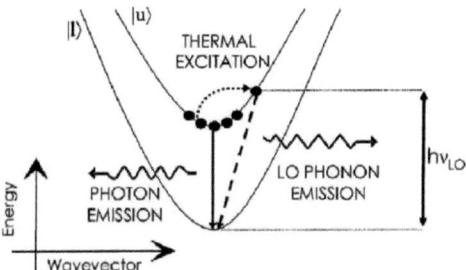

FIGURE 5.9 – Illustration de la compétition entre l'émission de phonon activé thermiquement et l'émission de photon. Figure tirée de [Bell 08].

$$W^{emi}(T) \approx W^{chaud} exp(\frac{(E_f - E_i) - E_{LO}}{k_B T_e}) \quad (5.8)$$

où W^{chaud} est le taux d'émission pour la plus petite énergie E_k tel que l'émission de phonon LO est permise.

Nous pouvons alors réécrire le taux de transition du niveau 1 vers le niveau 2 comme la somme de deux termes. Le premier est la durée de vie du niveau (supposée indépendante de la température), et le second prend en compte l'émission de phonon activé thermiquement.

$$\frac{1}{\tau_{12}} = \frac{1}{\tau_{12,0}} + \frac{1}{\tau_{12,chaud}} e^{(h\nu - E_{LO})/kT_e} \quad (5.9)$$

Plus l'énergie du phonon LO est élevée, moins l'inversion de population est affectée par l'émission de phonons activée thermiquement.

A titre de comparaison, nous mentionnons les résultats obtenus par Bellotti et al. [Bell 08], ils ont comparé dans une étude par simulation *Monte Carlo* deux structures de lasers à cascade quantique dans les systèmes GaN et GaAs avec une émission à 2 THz (8.2 meV) et une largeur de raie de 3 meV. La figure 5.10 tirée de [Bell 08] montre l'évolution de l'inversion de population Δn dans les deux structures en fonction de la température.

Lorsque la température augmente de 10 à 300 K, Δn dans le laser GaN diminue d'un facteur 1.25 comparé au GaAs où elle diminue d'un facteur 4.48. Ce résultat est la conséquence principale de l'émission de phonons LO activées thermiquement. Ils ont estimé également une température maximale de fonctionnement (T_{max}) pour le système GaAs de 200 K (ce qui est très proche de l'état de l'art), et une T_{max}=400 K pour le système GaN.

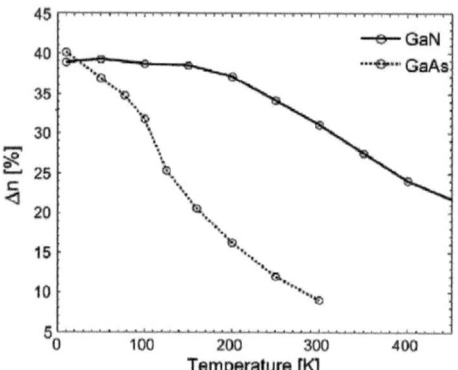

FIGURE 5.10 – L'inversion de population Δn calculée en fonction de la température pour deux structures lasers à cascade en GaAs et en GaN. Figure tirée de [Bell 08].

5.6 Conclusion

Dans ce chapitre deux approches ont été utilisées pour observer l'absorption intersousbande dans la région THz. La première utilisant une structure polaire avec un potentiel en forme de marche d'escalier dans le système $Al_{0.1}Ga_{0.9}N/GaN/Al_{0.05}Ga_{0.95}N$. En fonction de l'épaisseur de la marche, les pics d'absorption sont observés à 4.2 THz et 2.1 THz avec un élargissement de 2.4 THz et 0.53 THz respectivement. La valeur élevée de l'élargissement $\Delta\lambda/\lambda = 57\%$ et 25% est attribuée à l'interaction électron-impureté et électron-électron conséquence du dopage élevé.

La deuxième approche est d'utiliser des puits quantiques $GaN/Al_{0.05}Ga_{0.95}N$ en phase cubique. Dans ce cas l'absorption ISB est observée à 5 THz avec un élargissement de 2.1 THz.

Dans la dernière section j'ai présenté une structure d'un laser à cascade quantique dans le système GaN/AlGaN. Je montre avec un modèle simple à deux niveaux, que le facteur limitant le fonctionnement à plus haute tem-

5.6 Conclusion

pérature des QCL est l'émission de phonon activée thermiquement qui varie comme $exp\left(-\frac{E_{LO}-h\nu}{kT}\right)$. La grande énergie de phonons LO dans le GaN est un atout pour la réalisation de lasers à cascade quantique THz fonctionnant à haute température.

Conclusions et perspectives

Mon travail de thèse présenté dans ce manuscrit est dédié à l'étude par spectroscopie infrarouge des transitions intersousbandes dans les puits quantiques GaN/AlGaN. J'ai étudié trois types de structure : les puits quantiques polaires, semipolaires et cubiques. Pour les puits polaires, le but était d'accorder les transitions intersousbandes d'une part du proche infrarouge à la bande *Reststrahlen* du GaN (13 − 20 μm), et d'autre part dans la gamme THz. J'ai montré que l'on pouvait accorder les transitions intersousbandes de puits quantiques GaN/AlGaN polaires dans la gamme de longueur d'onde 1.5 − 12 μm en jouant sur le champ interne et l'épaisseur respective des puits et des barrières. Le jeu de paramètres optimal pour couvrir la gamme spectrale 5-12 μm est obtenu pour des barrières en AlGaN avec une teneur en Al ≤ 0.3, et des épaisseurs de puits comprises entre 5 et 10 nm.

Dans le chapitre 3 j'ai mené une étude systématique des propriétés interbandes et intersousbandes des puits quantiques GaN/AlN épitaxiés selon l'axe semipolaire [11$\bar{2}$2] et l'axe polaire [0001]. Pour les puits quantiques semipolaires, la discontinuité de polarisation $\Delta P/\epsilon_0\epsilon_r$ est fortement réduite comparée au cas des puits polaires épitaxiés selon l'axe c. J'ai montré que la longueur d'onde intersousbande pouvait être ajustée dans la gamme 1.55 − 3.3 μm en augmentant seulement l'épaisseur des puits. La comparaison des résultats expérimentaux et de simulations m'a permis d'estimer la valeur de la discontinuité de polarisation entre le GaN et l'AlN, elle est de 1.6 MV/cm dans le cas où le super-réseau est contraint sur GaN, et de −0.8 MV/cm dans le cas où il est contraint sur AlN.

Dans le chapitre 4 j'ai étudié les propriétés optiques des puits quantiques GaN/AlN en phase cubique. Ces hétérostructures ne possèdent pas de champ interne par raison de symétrie. J'ai montré que la transition intersousbande pouvait être accordée entre 1.4 et 4.1 μm en augmentant seulement l'épaisseur du puits. La comparaison des résultats expérimentaux avec les simulations à permis d'affiner certains paramètres de ces matériaux, encore mal connus. La discontinuité de potentiel en bande de conduction est estimée à 1.4 ±0.05 eV, et la valeur de la masse effective des électrons dans le GaN à $m^* = 0.11 m_0$.

Dans le chapitre 5, j'ai démontré la possibilité d'accorder les transitions intersousbandes des puits quantiques GaN/AlGaN polaires mais aussi cubiques aux fréquences THz au delà de la bande d'absorption *Reststrahlen* du GaN. Pour le GaN polaire, j'ai proposé une structure de puits quantiques à marche de potentiel pour se rapprocher d'un profil de bande plat et maximiser le dipôle de transition intersousbande. J'ai montré expérimentalement que l'on pouvait accorder l'absorption à 4.2 et à 2.1 THz en jouant sur l'épaisseur de la marche de potentiel.

Pour le GaN cubique, j'ai montré qu'en jouant sur la concentration en Al dans les barrières et l'épaisseur du puits on pouvait obtenir une absorption intersousbande à 5 THz. Il s'agit dans les deux cas de la première observation d'absorption intersousbande dans le domaine THz pour les puits quantiques de nitrures.

Les perspectives de ce travail sont nombreuses. Nous pouvons par exemple citer la poursuite de l'étude visant à réaliser des détecteurs moyen infrarouge. C'est aussi le développement de lasers ou détecteurs à cascade quantique THz. En ce qui concerne les lasers THz, plusieurs étapes restent encore à franchir. Il faut d'abord maîtriser le transport tunnel dans les puits quantiques de nitrures. Des résultats très encourageants viennent d'être obtenus dans notre équipe par *S. Sakr* dans le cadre de sa thèse, en étroite collaboration avec Elias WARDE. Il est clair que les matériaux polaires sont à privilégier mais qu'ils pourraient à terme être concurrencés par les nitrures semipolaires ou cubiques en fonction des progrès accomplis dans la croissance de couches de haute qualité structurale.

Liste des publications

12. **H. Machhadani**, M. Tchernycheva, S. Sakr, L. Rigutti, R. Colombelli, E. Warde, C. Mietze, D. J. As and F. H. Julien. *Intersubband absorption of cubic GaN/Al(Ga)N quantum wells in the near-infrared to terahertz spectral range.* PHYSICAL REVIEW B 83, 075313 (2011)

11. **H. Machhadani**, Y. Kotsar, S. Sakr, M. Tchernycheva, R. Colombelli, J. Mangeney, E. Bellet-Amalric, E. Sarigiannidou, E. Monroy and F.H. Julien. *Intersubband absorption of GaN/AlGaN step quantum wells at THz frequencies.* Applied Physics Letters, vol. 97, p. 191101, 3 pages, 2010

10. Machhadani H., Kandaswamy P., Sakr S., Vardi A., Wirtmüller A., Nevou L., Guillot F., Pozzovivo G., Tchernycheva M., Lupu A., Vivien L., Crozat P., Warde E., Bougerol C., Schacham S., Strasser G., Bahir G., Monroy E., Julien F. H. *GaN/AlGaN intersubband optoelectronic devices.* New Journal of Physics 11, 125023, 2009

9. P. Kandaswamy, **H. Machhadani**, Y. Kotsar, S. Sakr, A. Das, M. Tchernycheva, L. Rapenne, E. Sarigiannidou, F. Julien, and E. Monroy. *Effect of doping on the mid-infrared intersubband absorption in GaN/AlGaN superlattices grown on Si(111) templates.* Applied Physics Letters, vol. 96, p. 141903, 3 pages, 2010

8. M. Tchernycheva, **H. Macchadani**, L. Nevou, J. Mangeney, F. Julien, P. Kandaswamy, A. Wirtmüller, E. Monroy, A. Vardi, S. Schacham, *GaN/AlGaN nanostructures for intersubband optoelectronics.* Physica status solidi (a), vol. 207, p. 1421, 4 pages, 2010

7. P. Kandaswamy, **H. Machhadani**, E. Bellet-Amalric, L. Nevou, M. Tchernycheva, L. Lahourcade, F. Julien, and E. Monroy. *Strain effects in GaN/AlN multi-quantum-well structures for infrared optoelectronics.* Microelectronics journal, vol. 40, num. 2, p. 336, 3 pages, 2009

6. P. Kandaswamy, **H. Machhadani**, C. Bougerol, S. Sakr, M. Tchernycheva, F. Julien, and E. Monroy. *Midinfrared intersubband absorption in GaN/AlGaN superlattices on Si(111) templates.* Applied Physics Letters, vol. 95, p. 141911, 3 pages, 2009

5. L. Lahourcade, P. Kandaswamy, J. Renard, P. Ruterana, **H. Machhadani**, M. Tchernycheva, F. Julien, B. Gayral, and E. Monroy. *Interband and intersubband optical characterization of semipolar (11$\bar{2}$2)-oriented GaN/AlN multiple-quantum-well structures.* Applied Physics Letters, vol. 93, p. 111906, 3 pages, 2008

4. N. Kheirodin, L. Nevou, **H. Machhadani**, P. Crozat, L. Vivien, M. Tchernycheva, A. Lupu, F. Julien, G. Pozzovivo, S. Golka, et al. *Electrooptical Modulator at Telecommunication Wavelengths Based on GaN-AlN Coupled Quantum Wells.* IEEE photonics technology letters, vol. 20, num. 9, p. 724, 3 pages, 2008

3. N. Kheirodin, L. Nevou, **H. Machhadani**, M. Tchernycheva, A. Lupu, F. Julien, P. Crozat, L. Meignien, E. Warde, L. Vivien, et al. *Electrooptical intersubband modulators at telecommunication wavelengths based on GaN/AlN quantum wells.* Physica status solidi (a), vol. 205, num. 5, p. 1093, 3 pages, 2008

2. A. Vardi, N. Kheirodin, L. Nevou, **H. Machhadani**, L. Vivien, P. Crozat, M. Tchernycheva, R. Colombelli, F. Julien, F. Guillot et al. *High-speed operation of GaN/AlGaN quantum cascade detectors at $\lambda = 1.55\ \mu m$.* Applied Physics Letters, vol. 93, p. 193509, 3 pages, 2008

1. C. Mietze, M. Landmann, E. Rauls, **H. Machhadani**, S. Sakr, M. Tchernycheva, F.H. Julien, W. G. Schmidt, K. Lischka, and D. J. As *Band offsets in cubic GaN/AlN superlattices.* submitted to Phys. Rev. B. 2010

Actes de colloques avec comité de lecture

1. A. Dussaigne, S. Nicolay, D. Martin, A. Castiglia, N. Grandjean, L. Nevou, **H. Machhadani**, M. Tchernycheva, L. Vivien, F. Julien, et al. *Growth of intersubband GaN/AlGaN heterostructures.* Proceedings of SPIE, p. 76080H, 2010
2. Kandaswamy P., **Machhadani H.**, Sakr S., Julien F. H., Monroy E. *Midinfrared intersubband absorption in GaN/AlGaN superlattices grown on Si(111) templates.* E-MRS Spring Meeting 2009, Strasbourg, France, du 08 juin 2009 au 12 juin 2009
3. E. Monroy, P. Kandaswamy, **H. Machhadani**, A. Wirtmüller, S. Sakr, L. Lahourcade, A. Das, M. Tchernycheva, P. Ruterana, and F. Julien. *Polar and semipolar III-nitrides for long wavelength intersubband devices*. In : Proceedings of SPIE, p. 76081G, 2010

Conférences

12. **Machhadani H.**, Kandaswamy P. K., Vardi A., Sakr S., Nevou L., Tchernycheva M., Bahir G., Monroy E., Julien F. H. *GaN-based intersubband devices : recent developments and new challenges for long infrared wavelength applications.* International conference on intersubband transitions (ITQW 2009), Montreal, Canada, du 06 septembre 2009 au 11 septembre 2009
11. **Machhadani H.**, Tchernycheva M., Nevou L., Mangeney J., Warde E., Julien F. H., Kandaswamy P. K., Wirthmüller A., Monroy E., Vardi A., Schacham S., Bahir G., Pozzovivo G., Golka S. , Strasser G. *GaN/AlGaN Nanostructures for Intersubband Optoelectronics* International Conference on Nitride Semiconductors (ICNS'8), Jeju, Corée, du 18 octobre 2009 au 23 octobre 2009

10. Kandaswamy P. K., **Machhadani H.**, Sakr S., Bougerol C., Tchernycheva M., Julien F. H., Monroy E. *Mid-Infrared Intersubband Transitions in GaN/AlGaN Superlattices Grown on Si(111) Templates* International Conference on Nitride Semiconductors (ICNS'8), Jeju, Corée, du 18 octobre 2009 au 23 octobre 2009

9. Kandaswamy P. K., Lahourcade L., Wirtmüller A., Bougerol C., Monroy E., **Machhadani H.**, Sakr S., Tchernycheva M., Julien F. H., Vardi A., Bahir G. *GaN/AlN-based nanostructures for intersubband devices* 51st Electronic Materials Conference (EMC 2009), University Park, Pensylvania, USA, du 24 juin 2009 au 26 juin 2009

8. Kandaswamy P. K., **Machhadani H.**, Bougerol C., Ruterana P., Tchernycheva M., Julien F. H., Monroy E. *Short-period GaN/AlN superlattices for near-infrared intersubband absorption at telecommunication wavelengths* International Symposium on Compound Semiconductors (ISCS-09), Santa Barbara, USA, du 30 aoˆt 2009 au 02 septembre 2009

7. Kandaswamy P. K., **Machhadani H.**, Sakr S., Bougerol C., Tchernycheva M., Julien F. H., Monroy E. *AlGaN/GaN superlattices on GaN-on-Si(111) templates for Mid-IR intersubband absorption* International Symposium on Compound Semiconductors (ISCS-09), Santa Barbara, USA, du 30 aoˆt 2009 au 02 septembre 2009

6. Kheirodin N., Nevou L., **Machhadani H.**, Tchernycheva M., Lupu A., Julien F., Crozat P., Meignien L., Warde E., Pozzovivo G., Golka S., Strasser G., Guillot F., Monroy E., Remmele T., Albrecht M. *Electro-Optical Intersubband Modulator Based on Electron Tunneling between GaN/AlN Coupled Quantum Wells* 7th Int'l Conference of Nitride Semiconductors (ICNS-7), Las Vegas, Etats-Unis, du 16 septembre 2007 au 21 septembre 2007

5. Monroy E., Kandaswamy P. K., Lahourcade L., Guillot F., **Machhadani H.**, Nevou L., Tchernycheva M., Julien F. H., Baumann E., Giorgetta F. R., Hofstetter D., Vardi A., Bahir G., Remmele T., Albrecht M. *New Frontiers in Plasma-Assisted MBE of GaN-based Intersubband Devices* International Workshop on Nitride Semiconductors, Montreux, Suisse, du 06 octobre 2008 au 10 octobre 2008

4. Vardi A., Kheirodin N., Julien F. H., Nevou L., **Machhadani H.**, Crozat P., Tchernycheva M., Vivien L., Colombelli R., Guillot F., Bougerol C., Monroy E., Schacham S., Bahir G. *Ultrafast GaN/AlGaN quantum cascade detector at telecommunication wavelengths* International Workshop on Nitride Semiconductors, Montreux, Suisse, du 06 octobre 2008 au 10 octobre 2008

3. Kandaswamy P. K., Jalabert D., Bougerol C., **Machhadani H.**, Tchernycheva M., Julien F. H., Monroy E. *Strain effects in GaN/AlN short period spuerlattices for intersubband optoelectronics* International Workshop on Nitride Semiconductors, IWN 2008, Montreux, Suisse, du 06 octobre 2008 au 10 octobre 2008

2. Kandaswamy P. K., Bougerol C., Jalabert D., Bellet-Amalric E., **Machhadani H.**, Tchernycheva M., Julien F. H., Monroy E. *Polarization effects in GaN/AlN Short-Period Superlattices for Intersubband Optoelectronics* Trends in Nanotechnology (TNT2008), Oviedo, Espagne, du 01 septembre 2008 au 05 septembre 2008

1. Monroy E., Kandaswamy P. K., Lahourcade L., Guillot F., Leconte S., **Machhadani H.**, Nevou L., Tchernycheva M., Julien F. H., Baumann E., Giorgetta F. R., Hofstetter D., Vardi A., Bahir G. *GaN Heterostructures for Unipolar Devices* 17th European Workshop on Heterostructure Technology (HETECH'08), Venise, Italie, du 02 novembre 2008 au 05 novembre 2008

Bibliographie

[Alde 01]   D. Alderighi, A. Vinattieri, J. Kudrna, M. Colocci, A. Reale, G. Kokolakis, A. Di Carlo, P. Lugli, F. Semond, and N. Grandjean. "Recombination dynamics in GaN/AlGaN quantum wells : The role of built-in fields". *physica status solidi (a)*, Vol. 188, No. 2, pp. 851–855, 2001.

[Alle 93]   S. Allen Jr, D. Tsui, and B. Vinter. "On the absorption of infrared radiation by electrons in semiconductor inversion layers". *Solid State Communications*, Vol. 88, No. 11-12, pp. 939–942, 1993.

[Amba 98]   O. Ambacher. "Growth and applications of group III-nitrides". *Journal of Physics D : Applied Physics*, Vol. 31, p. 2653, 1998.

[As 09]   D. As. "Cubic group-III nitride-based nanostructures–basics and applications in optoelectronics". *Microelectronics Journal*, Vol. 40, No. 2, pp. 204–209, 2009.

[Barb 03]   S. Barbieri, J. Alton, S. Dhillon, H. Beere, M. Evans, E. Linfield, A. Davies, D. Ritchie, R. Kohler, and A. Tredicucci. "Continuous-wave operation of terahertz quantum-cascade lasers". *IEEE Journal of Quantum Electronics*, Vol. 39, No. 4, pp. 586–591, 2003.

[Bark 73]   A. Barker Jr and M. Ilegems. "Infrared lattice vibrations and free-electron dispersion in GaN". *Physical Review B*, Vol. 7, No. 2, pp. 743–750, 1973.

[Bast 81]   G. Bastard. "Superlattice band structure in the envelope-function approximation". *Phys. Rev. B*, Vol. 24, No. 10, pp. 5693–5697, Nov 1981.

[Baum 05]   E. Baumann, F. Giorgetta, D. Hofstetter, H. Lu, X. Chen, W. Schaff, L. Eastman, S. Golka, W. Schrenk, and G. Strasser. "Intersubband photoconductivity at 1.6 µm using a strain-compensated AlN/ GaN superlattice". *Applied Physics Letters*, Vol. 87, p. 191102, 2005.

[Baum 06] E. Baumann, F. Giorgetta, D. Hofstetter, S. Leconte, F. Guillot, E. Bellet-Amalric, and E. Monroy. "Electrically adjustable intersubband absorption of a GaN/AlN superlattice grown on a transistorlike structure". *Applied Physics Letters*, Vol. 89, No. 10, pp. 101121–101121, 2006.

[Bell 08] E. Bellotti, K. Driscoll, T. Moustakas, and R. Paiella. "Monte Carlo study of GaN versus GaAs terahertz quantum cascade structures". *Applied Physics Letters*, Vol. 92, p. 101112, 2008.

[Bern 01] F. Bernardini and V. Fiorentini. "Nonlinear macroscopic polarization in III-V nitride alloys". *Physical Review B*, Vol. 64, No. 8, p. 85207, 2001.

[Bern 98] F. Bernardini and V. Fiorentini. "Macroscopic polarization and band offsets at nitride heterojunctions". *Physical Review B*, Vol. 57, No. 16, pp. 9427–9430, 1998.

[Bige 00] P. Bigenwald, A. Kavokin, B. Gil, and P. Lefebvre. "Electron-hole plasma effect on excitons in $GaN/Al_xGa_{1-x}N$ quantum wells". *Physical Review B*, Vol. 61, No. 23, pp. 15621–15624, 2000.

[Blos 89] W. L. Bloss. "Effects of Hartree, exchange, and correlation energy on intersubband transitions". *Journal of Applied Physics*, Vol. 66, No. 8, pp. 3639–3642, 1989.

[Buch 05] C. Buchheim, R. Goldhahn, M. Rakel, C. Cobet, N. Esser, U. Rossow, D. Fuhrmann, and A. Hangleiter. "Dielectric function and critical points of the band structure for AlGaN alloys". *physica status solidi (b)*, Vol. 242, No. 13, pp. 2610–2616, 2005.

[Chak] A. Chakraborty, T. Baker, B. Haskell, F. Wu, J. Speck, S. Denbaars, S. Nakamura, and U. Mishra. "Milliwatt power blue InGaN/GaN light-emitting diodes on semipolar GaN templates". *Jpn. J. Appl. Phys., Part*, Vol. 2, p. 44.

[Chen 01] C. Chen, R. Helbig, J. Zeman, and A. Poulter. "Zeeman spectroscopy of shallow nitrogen donor in 3C-SiC". *Physica B : Condensed Matter*, Vol. 293, No. 3-4, pp. 402–407, 2001.

[Chua 96]   S. Chuang and C. Chang. "k.p method for strained wurtzite semiconductors". *Physical Review B*, Vol. 54, No. 4, pp. 2491–2504, 1996.

[Cing 00]   R. Cingolani, A. Botchkarev, H. Tang, H. Morkoc, G. Traetta, G. Coli, M. Lomascolo, A. Di Carlo, F. Della Sala, and P. Lugli. "Spontaneous polarization and piezoelectric field in $GaN/Al_{0.15}Ga_{0.85}N$ quantum wells : Impact on the optical spectra". *Physical Review B*, Vol. 61, No. 4, pp. 2711–2715, 2000.

[Cywi 06]   G. Cywiński, C. Skierbiszewski, A. Fedunieiwcz-Żmuda, M. Siekacz, L. Nevou, L. Doyennette, M. Tchernycheva, F. Julien, P. Prystawko, and M. Kryśko. "Growth of thin AlInN/ GaInN quantum wells for applications to high-speed intersubband devices at telecommunication wavelengths". *Journal of Vacuum Science*, Vol. 24, p. 1505, 2006.

[Di C 01]   A. Di Carlo and A. Reale. "Charge Screening of Polarization Fields in Nitride Nanostructures". *physica status solidi (b)*, Vol. 228, No. 2, pp. 553–558, 2001.

[Doye 05]   L. Doyennette, L. Nevou, M. Tchernycheva, A. Lupu, F. Guillot, E. Monroy, R. Colombelli, and F. Julien. "GaN-based quantum dot infrared photodetector operating at 1.38 μm". *Electronics Letters*, Vol. 41, No. 19, pp. 1077–1078, 2005.

[Dris 07]   K. Driscoll, A. Bhattacharyya, T. Moustakas, R. Paiella, L. Zhou, and D. Smith. "Intersubband absorption in AlN/ GaN/ AlGaN coupled quantum wells". *Applied Physics Letters*, Vol. 91, p. 141104, 2007.

[Dris 09]   K. Driscoll, Y. Liao, A. Bhattacharyya, L. Zhou, D. Smith, T. Moustakas, and R. Paiella. "Optically pumped intersubband emission of short-wave infrared radiation with GaN/AlN quantum wells". *Applied Physics Letters*, Vol. 94, p. 081120, 2009.

[Fan 96]   W. Fan, M. Li, T. Chong, and J. Xia. "Electronic properties of zinc-blende GaN, AlN, and their alloys GaAlN". *Journal of Applied Physics*, Vol. 79, p. 188, 1996.

[Fior 02] V. Fiorentini, F. Bernardini, and O. Ambacher. "Evidence for nonlinear macroscopic polarization in III–V nitride alloy heterostructures". *Applied Physics Letters*, Vol. 80, p. 1204, 2002.

[Fish 88] G. Fishman. *Energie et fonction d'onde des semi-conducteurs*. Monographies de Physique, les Editions de physique., 1988.

[Fout 99] B. Foutz, S. O'Leary, M. Shur, and L. Eastman. "Transient electron transport in wurtzite GaN, InN, and AlN". *Journal of Applied Physics*, Vol. 85, p. 7727, 1999.

[Frie 01] L. Friedman, G. Sun, and R. Soref. "SiGe/Si THz laser based on transitions between inverted mass light-hole and heavy-hole subbands". *Applied Physics Letters*, Vol. 78, p. 401, 2001.

[Frit 03] D. Fritsch, H. Schmidt, and M. Grundmann. "Band-structure pseudopotential calculation of zinc-blende and wurtzite AlN, GaN, and InN". *Physical Review B*, Vol. 67, No. 23, p. 235205, 2003.

[Funa 06] M. Funato, M. Ueda, Y. Kawakami, Y. Narukawa, T. Kosugi, M. Takahashi, and T. Mukai. "Blue, green, and amber InGaN/GaN light-emitting diodes on semipolar (11$\bar{2}$2) GaN bulk substrates". *Japanese Journal of Applied Physics Part 2 Letters*, Vol. 45, No. 24/28, p. 659, 2006.

[Gain 01] G. Gainer, Y. Kwon, J. Lam, S. Bidnyk, A. Kalashyan, J. Song, S. Choi, and G. Yang. "Well-thickness dependence of emission from GaN/AlGaN separate confinement heterostructures". *Applied Physics Letters*, Vol. 78, p. 3890, 2001.

[Gend 04] L. Gendron, M. Carras, A. Huynh, V. Ortiz, C. Koeniguer, and V. Berger. "Quantum cascade photodetector". *Applied Physics Letters*, Vol. 85, p. 2824, 2004.

[Gmac 00] C. Gmachl, H. Ng, S. Chu, and A. Cho. "Intersubband absorption at $\lambda \approx 1.55$ μm in well-and modulation-doped GaN/AlGaN multiple quantum wells with superlattice barriers". *Applied Physics Letters*, Vol. 77, p. 3722, 2000.

[Gmac 01] C. Gmachl, H. Ng, and A. Cho. "Intersubband absorption in degenerately doped GaN/AlGaN coupled double quantum wells". *Applied Physics Letters*, Vol. 79, p. 1590, 2001.

[Guhn 08] T. Gühne, P. DeMierry, M. Nemoz, E. Beraudo, S. Chenot, and G. Nataf. "Demonstration of semipolar (11$\bar{2}$2) InGaN/GaN bluegreen light emitting diode". *Electronics Letters*, Vol. 44, No. 3, pp. 231–232, 2008.

[Guil 06] F. Guillot, E. Bellet-Amalric, E. Monroy, M. Tchernycheva, L. Nevou, L. Doyennette, F. Julien, T. Remmele, M. Albrecht, T. Shibata, *et al.* "Si-doped GaN/ AlN quantum dot superlattices for optoelectronics at telecommunication wavelengths". *Journal of Applied Physics*, Vol. 100, p. 044326, 2006.

[Gunn 76] O. Gunnarsson and B. I. Lundqvist. "Exchange and correlation in atoms, molecules, and solids by the spin-density-functional formalism". *Phys. Rev. B*, Vol. 13, No. 10, pp. 4274–4298, 1976.

[Guo 09] X. Guo, Z. Tan, J. Cao, and H. Liu. "Many-body effects on terahertz quantum well detectors". *Applied Physics Letters*, Vol. 94, p. 201101, 2009.

[Hama 04] J. Hamazaki, S. Matsui, H. Kunugita, K. Ema, H. Kanazawa, T. Tachibana, A. Kikuchi, and K. Kishino. "Ultrafast intersubband relaxation and nonlinear susceptibility at 1.55 μm in GaN/AlN multiple-quantum wells". *Applied Physics Letters*, Vol. 84, p. 1102, 2004.

[Hebe 02] J. Heber, C. Gmachl, H. Ng, and A. Cho. "Comparative study of ultrafast intersubband electron scattering times at 1.55 μm wavelength in GaN/AlGaN heterostructures". *Applied Physics Letters*, Vol. 81, p. 1237, 2002.

[Helm 03] A. Helman, M. Tchernycheva, A. Lusson, E. Warde, F. Julien, K. Moumanis, G. Fishman, E. Monroy, B. Daudin, D. Dang, *et al.* "Intersubband spectroscopy of doped and undoped GaN/AlN quantum wells grown by molecular-beam epitaxy". *Applied Physics Letters*, Vol. 83, p. 5196, 2003.

[Hofs 03] D. Hofstetter, S. Schad, H. Wu, W. Schaff, and L. Eastman. "GaN/AlN-based quantum-well infrared photodetector for 1.55 μm". *Applied Physics Letters*, Vol. 83, p. 572, 2003.

[Hofs 06] D. Hofstetter, E. Baumann, F. Giorgetta, M. Graf, M. Maier, F. Guillot, E. Bellet-Amalric, and E. Monroy. "High-quality

AlN/ GaN-superlattice structures for the fabrication of narrow-band 1.4 µm photovoltaic intersubband detectors". *Applied Physics Letters*, Vol. 88, p. 121112, 2006.

[Hofs 07] D. Hofstetter, E. Baumann, F. Giorgetta, F. Guillot, S. Leconte, and E. Monroy. "Optically nonlinear effects in intersubband transitions of GaN/ AlN-based superlattice structures". *Applied Physics Letters*, Vol. 91, p. 131115, 2007.

[Holm 06] P. Holmstrom. "Electroabsorption modulator using intersubband transitions in GaN-AlGaN-AlN step quantum wells". *Quantum Electronics, IEEE Journal of*, Vol. 42, No. 8, pp. 810–819, 2006.

[Iizu 02] N. Iizuka, K. Kaneko, and N. Suzuki. "Near-infrared intersubband absorption in GaN/AlN quantum wells grown by molecular beam epitaxy". *Applied Physics Letters*, Vol. 81, p. 1803, 2002.

[Iizu 04] N. Iizuka, K. Kaneko, and N. Suzuki. "Sub-picosecond modulation by intersubband transition in ridge waveguide with GaN/AlN quantum wells". *Electronics Letters*, Vol. 40, No. 15, pp. 962–963, 2004.

[Iizu 05] N. Iizuka, K. Kaneko, and N. Suzuki. "Sub-picosecond all-optical gate utilizing an intersubband transition". *Optics Express*, Vol. 13, No. 10, pp. 3835–3840, 2005.

[Iizu 06a] N. Iizuka, K. Kaneko, and N. Suzuki. "All-optical switch utilizing intersubband transition in GaN quantum wells". *Quantum Electronics, IEEE Journal of*, Vol. 42, No. 8, pp. 765–771, 2006.

[Iizu 06b] N. Iizuka, K. Kaneko, and N. Suzuki. "Polarization dependent loss in III-nitride optical waveguides for telecommunication devices". *Journal of Applied Physics*, Vol. 99, p. 093107, 2006.

[Jain 00] S. Jain, M. Willander, J. Narayan, and R. Van Overstraeten. "III–nitrides : Growth, characterization, and properties". *Journal of Applied Physics*, Vol. 87, p. 965, 2000.

[Jova 03] V. Jovanović, Z. Ikonić, D. Indjin, P. Harrison, V. Milanović, and R. Soref. "Designing strain-balanced GaN/AlGaN quantum well structures : Application to intersubband devices at 1.3 and 1.55 µm wavelengths". *Journal of Applied Physics*, Vol. 93, p. 3194, 2003.

[Jova 04] V. Jovanović, D. Indjin, Z. Ikonić, and P. Harrison. "Simulation and design of GaN/AlGaN far-infrared (λ 34 μm) quantum-cascade laser". *Applied Physics Letters*, Vol. 84, p. 2995, 2004.

[Juli 07] F. Julien, M. Tchernycheva, L. Nevou, L. Doyennette, R. Colombelli, E. Warde, F. Guillot, and E. Monroy. "Nitride intersubband devices : prospects and recent developments". *physica status solidi (a)*, Vol. 204, No. 6, pp. 1987–1995, 2007.

[Juli 97] F. Julien and F. Boucaud. "Optical spectroscopy of low dimensional semiconductors". *Kluwer Academic Publishers, Netherlands*, Vol. 344, 1997.

[Kami 05] S. Kamiyama, A. Honshio, T. Kitano, M. Iwaya, H. Amano, I. Akasaki, H. Kinoshita, and H. Shiomi. "GaN growth on ($30\bar{3}8$) 4H-SiC substrate for reduction of internal polarization". *Physica status solidi. C.*, Vol. 2, No. 7, pp. 2121–2124, 2005.

[Kand 08] P. Kandaswamy, F. Guillot, E. Bellet-Amalric, E. Monroy, L. Nevou, M. Tchernycheva, A. Michon, F. Julien, E. Baumann, and F. Giorgetta. "GaN/AlN short-period superlattices for intersubband optoelectronics : A systematic study of their epitaxial growth, design, and performance". *Journal of Applied Physics*, Vol. 104, p. 093501, 2008.

[Karp 82] J. Karpiski, S. Porowski, *et al.* "High pressure vapor growth of GaN". *Journal of Crystal Growth*, Vol. 56, No. 1, pp. 77–82, 1982.

[Khei 08] N. Kheirodin, L. Nevou, H. Machhadani, P. Crozat, L. Vivien, M. Tchernycheva, A. Lupu, F. Julien, G. Pozzovivo, S. Golka, *et al.* "Electrooptical Modulator at Telecommunication Wavelengths Based on GaN–AlN Coupled Quantum Wells". *Photonics Technology Letters, IEEE*, Vol. 20, No. 9, pp. 724–726, 2008.

[Kim 96] K. Kim, W. Lambrecht, and B. Segall. "Elastic constants and related properties of tetrahedrally bonded BN, AlN, GaN, and InN". *Physical Review B*, Vol. 53, No. 24, pp. 16310–16326, 1996.

[Kish 02] K. Kishino, A. Kikuchi, H. Kanazawa, and T. Tachibana. "Intersubband Absorption at λ 1.2-1.6 μm in GaN/AlN Multiple

Quantum Wells Grown by rf-Plasma Molecular Beam Epitaxy". *physica status solidi (a)*, Vol. 192, No. 1, pp. 124–128, 2002.

[Kohl 02] R. Köhler, A. Tredicucci, F. Beltram, H. Beere, E. Linfield, A. Davies, D. Ritchie, R. Iotti, and F. Rossi. "Terahertz semiconductor-heterostructure laser". *Nature*, Vol. 417, No. 6885, pp. 156–159, 2002.

[Kohn 65] W. Kohn and L. Sham. "Self-consistent equations including exchange and correlation effects". *Phys. Rev*, Vol. 140, No. 4A, pp. A1133–A1138, 1965.

[Kuma 04] S. Kumar, B. Williams, S. Kohen, Q. Hu, and J. Reno. "Continuous-wave operation of terahertz quantum-cascade lasers above liquid-nitrogen temperature". *Applied Physics Letters*, Vol. 84, p. 2494, 2004.

[Kuma 09] S. Kumar, Q. Hu, and J. Reno. "186 K operation of terahertz quantum-cascade lasers based on a diagonal design". *Applied Physics Letters*, Vol. 94, p. 131105, 2009.

[Kuok 02a] E. Kuokstis, C. Chen, M. Gaevski, W. Sun, J. Yang, G. Simin, M. Khan, H. Maruska, D. Hill, and M. Chou. "Polarization effects in photoluminescence of C-and M-plane GaN/AlGaN multiple quantum wells". *Applied Physics Letters*, Vol. 81, p. 4130, 2002.

[Kuok 02b] E. Kuokstis, J. Yang, G. Simin, M. Khan, R. Gaska, and M. Shur. "Two mechanisms of blueshift of edge emission in InGaN-based epilayers and multiple quantum wells". *Applied Physics Letters*, Vol. 80, p. 977, 2002.

[Kuro 02] T. Kuroda and A. Tackeuchi. "Influence of free carrier screening on the luminescence energy shift and carrier lifetime of InGaN quantum wells". *Journal of Applied Physics*, Vol. 92, p. 3071, 2002.

[Laho 07] L. Lahourcade, E. Bellet-Amalric, E. Monroy, M. Abouzaid, and P. Ruterana. "Plasma-assisted molecular-beam epitaxy of AlN(11$\bar{2}$2) on m sapphire". *Applied Physics Letters*, Vol. 90, No. 13, p. 131909, 2007.

[Laho 08a] L. Lahourcade, P. K. Kandaswamy, J. Renard, P. Ruterana, H. Machhadani, M. Tchernycheva, F. H. Julien, B. Gayral, and

E. Monroy. "Interband and intersubband optical characterization of semipolar (11$\bar{2}$2)-oriented GaN/AlN multiple-quantum-well structures". *Applied Physics Letters*, Vol. 93, No. 11, p. 111906, 2008.

[Laho 08b] L. Lahourcade, J. Renard, B. Gayral, E. Monroy, M. P. Chauvat, and P. Ruterana. "Ga kinetics in plasma-assisted molecular-beam epitaxy of GaN(11$\bar{2}$2) : Effect on the structural and optical properties". *Journal of Applied Physics*, Vol. 103, No. 9, p. 093514, 2008.

[Lepk 02] S. Łepkowski, T. Suski, P. Perlin, V. Ivanov, M. Godlewski, N. Grandjean, and J. Massies. "Study of light emission from GaN/AlGaN quantum wells under power-dependent excitation". *Journal of Applied Physics*, Vol. 91, p. 9622, 2002.

[Levi 01] M. Levinshteïn, S. Rumyantsev, and M. Shur. *Properties of Advanced Semiconductor Materials : GaN, AlN, InN, BN, SiC, SiGe*. Wiley-Interscience, 2001.

[Li 06a] Y. Li, A. Bhattacharyya, C. Thomidis, T. Moustakas, and R. Paiella. "Ultrafast all-optical switching with low saturation energy via intersubband transitions in GaN/AlN quantum-well waveguides". *structure*, Vol. 89, p. 101121, 2006.

[Li 06b] Y. Li and R. Paiella. "Intersubband all-optical switching based on Coulomb-induced optical nonlinearities in GaN/AlGaN coupled quantum wells". *Semiconductor Science and Technology*, Vol. 21, p. 1105, 2006.

[Li 07] Y. Li, A. Bhattacharyya, C. Thomidis, T. Moustakas, and R. Paiella. "Nonlinear optical waveguides based on near-infrared intersubband transitions in GaN/AlN quantum wells". *Opt. Express*, Vol. 15, pp. 5860–5865, 2007.

[Luo 09] H. Luo, S. Laframboise, Z. Wasilewski, G. Aers, H. Liu, and J. Cao. "Terahertz quantum-cascade lasers based on a three-well active module". *Applied Physics Letters*, Vol. 90, No. 4, p. 041112, 2009.

[Mach 09] H. Machhadani, P. Kandaswamy, S. Sakr, A. Vardi, A. Wirtmüller, L. Nevou, F. Guillot, G. Pozzovivo, M. Tchernycheva, and

A. Lupu. "GaN/AlGaN intersubband optoelectronic devices". *New Journal of Physics*, Vol. 11, p. 125023, 2009.

[Matt 99] T. Mattila and A. Zunger. "Predicted bond length variation in wurtzite and zinc-blende InGaN and AlGaN alloys". *Journal of Applied Physics*, Vol. 85, p. 160, 1999.

[Miet] C. Mietze, M. Landmann, E. Rauls, H. Machhadani, S. Sakr, M. Tchernycheva, F. Julien, W. G. Schmidt, K. Lischka, and D. J. As. "Band offsets in cubic GaN/AlN superlattices". *Submitted to Phys. Rev. B*.

[Mork 08] H. Morkoc. *Handbook of Nitride Semiconductors and Devices, Materials Properties, Physics and Growth*. Vch Verlagsgesellschaft Mbh, 2008.

[Moum 03] K. Moumanis, A. Helman, F. Fossard, M. Tchernycheva, A. Lusson, F. Julien, B. Damilano, N. Grandjean, and J. Massies. "Intraband absorptions in GaN/AlN quantum dots in the wavelength range of 1.27–2.4 μm". *Applied Physics Letters*, Vol. 82, p. 868, 2003.

[Nevo 06] L. Nevou, F. Julien, R. Colombelli, F. Guillot, and E. Monroy. "Room-temperature intersubband emission of GaN/AlN quantum wells at λ= 2.3 μm". *Electronics Letters*, Vol. 42, No. 22, pp. 1308–1309, 2006.

[Nevo 07a] L. Nevou, N. Kheirodin, M. Tchernycheva, L. Meignien, P. Crozat, A. Lupu, E. Warde, F. Julien, G. Pozzovivo, S. Golka, *et al.* "Short-wavelength intersubband electroabsorption modulation based on electron tunneling between GaN/ AlN coupled quantum wells". *Applied Physics Letters*, Vol. 90, p. 223511, 2007.

[Nevo 07b] L. Nevou, N. Kheirodin, M. Tchernycheva, L. Meignien, P. Crozat, A. Lupu, E. Warde, F. Julien, G. Pozzovivo, and S. Golka. "Short-wavelength intersubband electroabsorption modulation based on electron tunneling between GaN/ AlN coupled quantum wells". *Applied Physics Letters*, Vol. 90, p. 223511, 2007.

[Nevo 08] L. Nevou, F. Julien, M. Tchernycheva, F. Guillot, E. Monroy, and E. Sarigiannidou. "Intraband emission at $\lambda \approx 1.48$ μm from

GaN/ AlN quantum dots at room temperature". *Applied Physics Letters*, Vol. 92, p. 161105, 2008.

[Ng 03] H. M. Ng, A. Bell, F. A. Ponce, and S. N. G. Chu. "Structural and optical characterization of nonpolar GaN/AlN quantum wells". *Applied Physics Letters*, Vol. 83, No. 4, pp. 653–655, 2003.

[Nico 05] S. Nicolay, J.-F. Carlin, E. Feltin, R. Butté, M. Mosca, N. Grandjean, M. Ilegems, M. Tchernycheva, L. Nevou, and F. H. Julien. "Midinfrared intersubband absorption in lattice-matched AlInN/GaN multiple quantum wells". *Applied Physics Letters*, Vol. 87, No. 11, p. 111106, 2005.

[Pank 75] J. Pankove. *Optical processes in semiconductors*. dover publications, 1975.

[Patr 61] L. Patrick and W. J. Choyke. "Lattice Absorption Bands in SiC". *Phys. Rev.*, Vol. 123, No. 3, pp. 813–815, 1961.

[Peng 05] H. Peng, M. McCluskey, Y. Gupta, M. Kneissl, and N. Johnson. "Shock-induced band-gap shift in GaN : Anisotropy of the deformation potentials". *Physical Review B*, Vol. 71, No. 11, p. 115207, 2005.

[Pugh 99] S. Pugh, D. Dugdale, S. Brand, and R. Abram. "Electronic structure calculations on nitride semiconductors". *Semiconductor Science and Technology*, Vol. 14, p. 23, 1999.

[Ramo 01] L. Ramos, L. Teles, L. Scolfaro, J. Castineira, A. Rosa, and J. Leite. "Structural, electronic, and effective-mass properties of silicon and zinc-blende group-III nitride semiconductor compounds". *Physical Review B*, Vol. 63, No. 16, p. 165210, 2001.

[Real 02] A. Reale, G. Massari, A. Di Carlo, and P. Lugli. "Dynamic Screening in AlGaN/GaN Multi Quantum Wells". *physica status solidi (a)*, Vol. 190, No. 1, pp. 81–86, 2002.

[Real 03] A. Reale, G. Massari, A. Di Carlo, P. Lugli, A. Vinattieri, D. Alderighi, M. Colocci, F. Semond, N. Grandjean, and J. Massies. "Comprehensive description of the dynamical screening of the internal electric fields of AlGaN/GaN quantum wells in time-resolved photoluminescence experiments". *Journal of Applied Physics*, Vol. 93, p. 400, 2003.

[Roch 02]   M. Rochat, L. Ajili, H. Willenberg, J. Faist, H. Beere, G. Davies, E. Linfield, and D. Ritchie. "Low-threshold terahertz quantum-cascade lasers". *Applied Physics Letters*, Vol. 81, p. 1381, 2002.

[Rol 07]   F. Rol. "Etude optique de boîtes quantiques uniques non polaires de GaN/AlN". *thèse de Doctorat*, 2007.

[Roma 06]   A. Romanov, T. Baker, S. Nakamura, and J. Speck. "Strain-induced polarization in wurtzite III-nitride semipolar layers". *Journal of Applied Physics*, Vol. 100, p. 023522, 2006.

[Sakr 10]   S. Sakr, Y. Kotsar, S. Haddadi, M. Tchernycheva, L. Vivien, I. Sarigiannidou, N. Isac, E. Monroy, and F. Julien. "GaN-based quantum cascade photodetector with 1.5 μm peak detection wavelength". *Electronics Letters*, Vol. 46, No. 25, pp. 1685–1686, 2010.

[Sato 08]   H. Sato, R. B. Chung, H. Hirasawa, N. Fellows, H. Masui, F. Wu, M. Saito, K. Fujito, J. S. Speck, S. P. DenBaars, and S. Nakamura. "Optical properties of yellow light-emitting diodes grown on semipolar (११$\bar{2}$2) bulk GaN substrates". *Applied Physics Letters*, Vol. 92, No. 22, p. 221110, 2008.

[Scal 03]   G. Scalari, S. Blaser, L. Ajili, J. Faist, H. Beere, E. Linfield, D. Ritchie, and G. Davies. "Population inversion by resonant magnetic confinement in terahertz quantum-cascade lasers". *Applied Physics Letters*, Vol. 83, p. 3453, 2003.

[Scho 07]   J. Schörmann, S. Potthast, D. As, and K. Lischka. "In situ growth regime characterization of cubic GaN using reflection high energy electron diffraction". *Applied Physics Letters*, Vol. 90, p. 041918, 2007.

[Schu 10]   T. Schupp, K. Lischka, and D. As. "MBE growth of atomically smooth non-polar cubic AlN". *Journal of Crystal Growth*, Vol. 312, No. 9, pp. 1500–1504, 2010.

[Shim 07]   T. Shimizu, C. Kumtornkittikul, N. Iizuka, N. Suzuki, M. Sugiyama, and Y. Nakano. "Fabrication and measurement of AlN cladding AlN/GaN multiple-quantum-well waveguide for all-optical switching devices using intersubband transition". *Japanese journal of applied physics*, Vol. 46, No. 10A, p. 6639, 2007.

[Sirt 02]   C. Sirtori. "Bridge for the terahertz gap". *Nature*, Vol. 417, No. 6885, pp. 132–3, 2002.

[Sore 01]   R. Soref and G. Sun. "Terahertz gain in a SiGe/Si quantum staircase utilizing the heavy-hole inverted effective mass". *Applied Physics Letters*, Vol. 79, p. 3639, 2001.

[Sun 05a]   G. Sun, J. Khurgin, and R. Soref. "Nonlinear all-optical GaN/ AlGaN multi-quantum-well devices for 100 Gb/ s applications at λ= 1.55 μm". *Applied Physics Letters*, Vol. 87, p. 201108, 2005.

[Sun 05b]   G. Sun, R. Soref, and J. Khurgin. "Active region design of a terahertz GaN/Al0. 15Ga0. 85N quantum cascade laser". *Superlattices and Microstructures*, Vol. 37, No. 2, pp. 107–113, 2005.

[Sun 98]   G. Sun, Y. Lu, and J. Khurgin. "Valence intersubband lasers with inverted light-hole effective mass". *Applied Physics Letters*, Vol. 72, p. 1481, 1998.

[Suzu 96]   M. Suzuki and T. Uenoyama. "Optical gain and crystal symmetry in III–V nitride lasers". *Applied Physics Letters*, Vol. 69, p. 3378, 1996.

[Suzu 97]   N. Suzuki and N. Iizuka. "Feasibility Study on Ultrafast Nonlinear Optical Properties of 1.55- m Intersubband Transition in AlGaN/GaN Quantum Wells". *Japanese journal of applied physics*, Vol. 36, pp. 1006–1008, 1997.

[Taka 00]   A. T. Takamasa Kuroda and T. Sota. "Luminescence energy shift and carrier lifetime change dependence on carrier density in InGaN/InGaN quantum wells". *Appl. Phys. Lett.*, Vol. 76, p. 3753, 2000.

[Tche 05]   M. Tchernycheva, L. Nevou, L. Doyennette, A. Helman, R. Colombelli, F. Julien, F. Guillot, E. Monroy, T. Shibata, and M. Tanaka. "Intraband absorption of doped GaN/ AlN quantum dots at telecommunication wavelengths". *Applied Physics Letters*, Vol. 87, p. 101912, 2005.

[Tche 06]   M. Tchernycheva, L. Nevou, L. Doyennette, F. Julien, E. Warde, F. Guillot, E. Monroy, E. Bellet-Amalric, T. Remmele, and M. Albrecht. "Systematic experimental and theoretical investigation of intersubband absorption in GaN/ AlN quantum wells". *Physical Review B*, Vol. 73, No. 12, p. 125347, 2006.

[Unum 01] T. Unuma, T. Takahashi, T. Noda, M. Yoshita, H. Sakaki, M. Baba, and H. Akiyama. "Effects of interface roughness and phonon scattering on intersubband absorption linewidth in a GaAs quantum well". *Applied Physics Letters*, Vol. 78, p. 3448, 2001.

[Unum 03] T. Unuma, M. Yoshita, T. Noda, H. Sakaki, and H. Akiyama. "Intersubband absorption linewidth in GaAs quantum wells due to scattering by interface roughness, phonons, alloy disorder, and impurities". *Journal of Applied Physics*, Vol. 93, p. 1586, 2003.

[Vard 08a] A. Vardi, G. Bahir, F. Guillot, C. Bougerol, E. Monroy, S. Schacham, M. Tchernycheva, and F. Julien. "Near infrared quantum cascade detector in GaN/ AlGaN/ AlN heterostructures". *Applied Physics Letters*, Vol. 92, p. 011112, 2008.

[Vard 08b] A. Vardi, N. Kheirodin, L. Nevou, H. Machhadani, L. Vivien, P. Crozat, M. Tchernycheva, R. Colombelli, F. Julien, F. Guillot, et al. "High-speed operation of GaN/AlGaN quantum cascade detectors at $\lambda \approx 1.55$ μm". *Applied Physics Letters*, Vol. 93, p. 193509, 2008.

[Vurg 03] I. Vurgaftman and J. Meyer. "Band parameters for nitrogen-containing semiconductors". *Journal of Applied Physics*, Vol. 94, p. 3675, 2003.

[Wall 89] C. Van de Walle. "Band lineups and deformation potentials in the model-solid theory". *Physical Review B*, Vol. 39, No. 3, pp. 1871–1883, 1989.

[Walt 07] C. Walther, M. Fischer, G. Scalari, R. Terazzi, N. Hoyler, and J. Faist. "Quantum cascade lasers operating from 1.2 to 1.6 THz". *Applied Physics Letters*, Vol. 91, p. 131122, 2007.

[Will 03a] B. Williams, H. Callebaut, S. Kumar, Q. Hu, and J. Reno. "3.4-THz quantum cascade laser based on longitudinal-optical-phonon scattering for depopulation". *Applied Physics Letters*, Vol. 82, No. 1015, 2003.

[Will 03b] B. Williams, S. Kumar, H. Callebaut, Q. Hu, and J. Reno. "Terahertz quantum-cascade laser operating up to 137 K". *Applied Physics Letters*, Vol. 83, No. 5142, 2003.

[Will 05] B. Williams, S. Kumar, Q. Hu, and J. Reno. "Operation of terahertz quantum-cascade lasers at 164 K in pulsed mode and at 117 K in continuous-wave mode". *Optics Express*, Vol. 13, No. 9, pp. 3331–3339, 2005.

[Will 06] B. Williams, S. Kumar, Q. Qin, Q. Hu, and J. Reno. "Terahertz quantum cascade lasers with double-resonant-phonon depopulation". *Applied Physics Letters*, Vol. 88, No. 261101, p. 261101, 2006.

Oui, je veux morebooks!

i want morebooks!

Buy your books fast and straightforward online - at one of world's fastest growing online book stores! Environmentally sound due to Print-on-Demand technologies.

Buy your books online at

www.get-morebooks.com

Achetez vos livres en ligne, vite et bien, sur l'une des librairies en ligne les plus performantes au monde!
En protégeant nos ressources et notre environnement grâce à l'impression à la demande.

La librairie en ligne pour acheter plus vite

www.morebooks.fr

VDM Verlagsservicegesellschaft mbH
Heinrich-Böcking-Str. 6-8   Telefon: +49 681 3720 174   info@vdm-vsg.de
D - 66121 Saarbrücken   Telefax: +49 681 3720 1749   www.vdm-vsg.de

Printed by Books on Demand GmbH, Norderstedt / Germany